国家示范性高等职业教育电子信息大类"十三五"规划教材

Java 程序设计基础

主　编　肖　英
副主编　刘　嵩　赵丙秀　马　力　彭　军　马金霞
参　编　刘　洁　郭　俐

内容提要

本书知识点系统连贯、逻辑性强;重视实际应用,案例丰富;学习模块划分合理,重难点突出,利于组织教学。

本书包括10个项目:项目1 认识Java语言,项目2 开发第一个Java程序,项目3 Java语言基础,项目4 程序的流程控制,项目5 方法与数组,项目6 类与对象,项目7 面向对象特性,项目8 常用API,项目9 异常处理,项目10 JDBC数据库编程。

为了方便教学,本书还配有电子课件等教学资源包,任课教师和学生可以登录"我们爱读书"网(www.ibook4us.com)免费注册并浏览,或者发邮件至hustpeiit@163.com免费索取。

本书适用于高职高专、应用型本科、中职等层次学校的相关专业使用,可作为Java初学者的入门教材和Java相关课程设计教材,也可以作为Java开发工程师的培训教材,还可以作为企业岗前培训教材。

图书在版编目(CIP)数据

Java程序设计基础/肖英主编.—武汉:华中科技大学出版社,2017.1(2019.9重印)
国家示范性高等职业教育电子信息大类"十三五"规划教材
ISBN 978-7-5680-2372-6

Ⅰ.①J… Ⅱ.①肖… Ⅲ.①JAVA语言-程序设计-高等职业教育-教材 Ⅳ.①TP312.8

中国版本图书馆CIP数据核字(2016)第278273号

Java 程序设计基础 肖 英 主编
Java Chengxu Sheji Jichu

策划编辑:	康 序
责任编辑:	史永霞
封面设计:	孢 子
责任监印:	朱 玢

出版发行:华中科技大学出版社(中国·武汉) 电话:(027)81321913
武汉市东湖新技术开发区华工科技园 邮编:430223

录　　排:武汉楚海文化传播有限公司
印　　刷:武汉科源印刷设计有限公司
开　　本:787mm×1092mm　1/16
印　　张:14.5
字　　数:368千字
版　　次:2019年9月第1版第2次印刷
定　　价:35.00元

本书若有印装质量问题,请向出版社营销中心调换
全国免费服务热线:400-6679-118　竭诚为您服务
版权所有　侵权必究

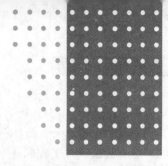

FOREWORD 前言

  Java语言具有简单、面向对象、分布式、健壮性、安全性、可移植性、多线程、高性能等诸多优点,是近十年来计算机编程语言排行榜上的佼佼者,可以用于开发各种领域的应用软件。熟练掌握Java语言是软件从业人员的必备技能。

  本书的目标是帮助广大高职高专学生学习和掌握Java程序设计语言的核心基础知识和技术。本书知识点系统连贯、逻辑性强;重视实际应用,案例丰富;学习模块划分合理,重难点突出,利于组织教学。作为一种编程语言和技术的入门教程,最难也最重要的是令一些非常复杂又难以理解的编程思想和问题简单化,令初学者能尽量轻松理解并快速掌握。本书对每个知识点都进行了较详尽的讲解,精心设计了相关的例程,尽量用生动形象的案例来讲解抽象的编程思想和模拟这些知识点在实际工作中的可能运用,力求做到知识由浅入深、由易到难,循序渐进地引导学生和读者逐步掌握Java程序设计的核心基础知识和技术。

  本书共包含10个项目。项目1认识Java语言,介绍计算机程序和Java程序设计语言的基本情况;项目2开发第一个Java程序,主要介绍JDK的安装使用、Java的集成开发环境的安装使用,并动手实现第一个Java应用程序;项目3 Java语言基础、项目4程序的流程控制和项目5方法与数组,详细介绍Java语言的核心语法、流程控制语句、方法的定义和调用、数组的使用等,这些都是使用Java语言编写应用程序代码的最重要的基本知识,读者一定要认真学习每一个知识点;项目6类与对象和项目7面向对象特性,详细介绍了Java面向对象编程的主要知识和技术,对于初学者来说面向对象的编程思想需要多思考、多实践、花较大精力来理解和掌握;项目8常用API,介绍了Java系统类库提供给程序员使用的一些常用且实用的类,尤其是集合类在实际开发中很常用;项目9异常处理,介绍了Java的异常处理机制和异常处理语句,可以令读者编写的程序更健壮和更友好;项目10 JDBC数据库编程,详细介绍了Java连接数据库和对数据库进行操作的步骤和代码的编写,JDBC数据库编程技术在实际开发中运用十分广泛,读者应认真学习和掌握JDBC数据库编程技术,为后续运用Java语言开发各种类型的应用程序打下坚实的基础。

  Java程序设计课程是实践性较强的课程,读者需要通过大量的实践以掌握Java语言的使用、编程技巧,养成良好的规范编码的习惯,因此本书每个项目均设计了许多例程,使读者能通过这些例程加强对知识点的理解,也能通过动手实现这些例程而潜移默化地锻炼动手编码能力。每章结束时都给出了典型的实训任务,通过对这些实训任务的实践练习,可以进一步锻炼和提高编码能力。

为了方便教学,本书还配有电子课件等教学资源包,任课教师和学生可以登录"我们爱读书"网(www.ibook4us.com)免费注册并浏览,或者发邮件至 hustpeiit@163.com 免费索取。

本书由武汉软件工程职业学院肖英任主编;由武汉软件工程职业学院刘嵩、赵丙秀、马力,江西应用科技学院彭军,青岛理工大学琴岛学院马金霞任副主编;由武汉软件工程职业学院刘洁、郭俐任参编,最后由肖英统稿。

由于时间仓促,加之编者水平有限,书中不妥或错误之处在所难免,殷切希望广大读者批评指正。同时,恳请读者一旦发现错误,及时与编者联系,以便尽快更正,编者将不胜感激。

编者

2016 年 12 月

CONTENTS 目录

项目 1 认识 Java 语言 1
   1.1 计算机程序 1
   1.2 Java 程序设计语言 2
   1.3 Java 平台介绍 4

项目 2 开发第一个 Java 程序 6
   2.1 下载、安装和配置 JDK 6
   2.2 JDK＋记事本开发 Java 程序 8
   2.3 集成开发环境 Eclipse 10
   2.4 使用 Eclipse 开发 Java 程序 12
   2.5 Java 程序开发的一般流程 14

项目 3 Java 语言基础 15
   3.1 Java 语言的基本语法 15
   3.2 常量与变量 17
   3.3 运算符与表达式 25
   3.4 简单的输入输出 33

项目 4 程序的流程控制 36
   4.1 流程控制语句 36
   4.2 选择结构语句 37
   4.3 循环结构语句 46
   4.4 跳转控制语句 57

项目 5 方法与数组 61
   5.1 方法 61
   5.2 数组 69

项目 6 类与对象 85
   6.1 类与对象的基本概念 85

  6.2 创建类 ·········· 86
  6.3 对象的使用 ·········· 90

项目 7 面向对象特性 ·········· 97

  7.1 对象的创建与销毁 ·········· 97
  7.2 引用赋值 ·········· 100
  7.3 方法 ·········· 105
  7.4 类的静态成员 ·········· 115
  7.5 继承 ·········· 118
  7.6 抽象类与接口 ·········· 125
  7.7 类的转型 ·········· 132
  7.8 内部类 ·········· 135
  7.9 包与访问控制修饰符 ·········· 139

项目 8 常用 API ·········· 147

  8.1 API 的概念 ·········· 147
  8.2 字符串处理 ·········· 149
  8.3 Math 类 ·········· 158
  8.4 日期时间类 ·········· 159
  8.5 集合类 ·········· 162

项目 9 异常处理 ·········· 177

  9.1 异常概述 ·········· 177
  9.2 处理异常 ·········· 180
  9.3 throw 和 throws 关键字 ·········· 184
  9.4 自定义异常 ·········· 186
  9.5 Java 的内置异常 ·········· 187

项目 10 JDBC 数据库编程 ·········· 190

  10.1 JDBC 数据库编程概述 ·········· 190
  10.2 JDBC 数据库编程基本操作 ·········· 195
  10.3 JDBC 编程进阶 ·········· 213

参考文献 ·········· 224

项目 1 认识Java语言

本章目标

◆ 计算机程序
◆ Java 语言的特点

1.1 计算机程序

  计算机程序告诉计算机应该做什么。计算机执行的任何操作都是由程序控制的。程序设计是将计算机要执行的操作或者计算机要解决的问题转变成程序的过程。程序设计的过程主要包括分析问题、确定算法、用选定的程序设计语言编写源程序、调试和运行程序。

  程序设计语言是计算机能够理解的、用于人和计算机之间进行交流的语言。现实世界中,当需要与英国人交流的时候会选择说英语,当需要与法国人交流时会选择说法语,同样,当需要与计算机交流的时候应该选择程序设计语言。

  程序员可以使用各种程序设计语言编写计算机程序,计算机程序设计语言种类繁多,大致可以划分为三大类:

➢ 机器语言;

➢ 汇编语言;

➢ 高级语言。

  所有计算机都能直接理解自己的机器语言。机器语言是用二进制代码表示的计算机能直接识别和执行的一种机器指令的集合,是计算机的设计者通过计算机的硬件结构赋予计算机的操作功能。机器语言具有直接执行和速度快的特点。机器语言对于计算机而言易于理解,对于程序员而言就极难理解了。程序员用机器语言编写程序需要熟记所用计算机的全部指令代码和代码的含义,需要处理每条指令和每一数据的存储分配和输入输出等,编程工作十分烦琐和耗时,一般只有计算机生产厂家的专业人员会使用机器语言。

  汇编语言也称为符号语言,汇编语言使用助记符来代替机器指令的操作码,用地址符号或标号代替指令或操作数的地址。在不同的设备中,汇编语言对应着不同的机器语言指令集,通过汇编过程转换成机器指令。汇编语言相对于机器语言稍易于理解,但仍然是更贴近计算器底层的。汇编语言通常被应用于计算机底层应用、硬件操作和高要求的程序优化的场合等,如驱动程序、嵌入式操作系统和实时运行程序等。

由于汇编语言助记符量多而难以记忆，且汇编语言依赖于具体的硬件体系，于是又产生了近似于人类自然语言的高级程序设计语言（简称高级语言）。高级语言的语法和结构更类似普通英文和数学语言，且与计算机的硬件结构及指令系统无关，因此它的表达力强，容易学习掌握，编程相对直观简单，可移植性和通用性更好。由于高级语言不能直接被计算机所理解和执行，因此高级语言编译生成的程序代码一般比用汇编语言设计的程序代码要长些，执行的速度也要慢些。高级语言通常按其基本类型、代系、实现方式、应用范围等分类。微软的 C♯ 和 Oracle 的 Java 都是目前应用广泛、功能较强大的高级程序设计语言。

1.2 Java 程序设计语言

1991 年，SUN MicroSystem 公司的 James Gosling、Bill Joe 等人，为在电视、烤面包箱等家用消费类电子产品上进行交互式操作而开发了一个名为 Oak 的软件（即一种橡树的名字，Java 语言的前身），但当时并没有引起人们的注意，直到 1994 年下半年，Internet 的迅猛发展，加快了 Java 语言研制的进程，使得它逐渐成为 Internet 上最受欢迎的编程语言。2009 年，甲骨文股份有限公司（Oracle）收购了 SUN MicroSystem 公司，此后由甲骨文股份有限公司继续推进 Java 语言的发展。

Java 语言发展迅速并被广泛应用，是目前使用最具市场的网络编程语言之一，这与 Java 语言本身的特点是密切相关的。Java 语言具有简单、面向对象、分布式、鲁棒性、安全、体系结构中立、可移植性、解释执行、高性能、多线程、动态等多种特点。

1. 简单

Java 语言是一种面向对象的语言，它通过提供最基本的方法来完成指定的任务，只需理解一些基本的概念，就可以用它编写出适合于各种情况的应用程序。Java 略去了运算符重载、多重继承等模糊的概念，并且通过实现自动垃圾收集大大简化了程序设计者的内存管理工作。另外，Java 也适合于在小型机上运行，它的基本解释器及类的支持只有 40 KB 左右，标准类库和线程的支持也只有 215 KB 左右。

2. 面向对象

Java 语言的设计集中于对象及其接口，它提供了简单的类机制以及动态的接口模型。对象中封装了它的状态变量以及相应的方法，实现了模块化和信息隐藏，而类则提供了一类对象的原型，并且通过继承机制，子类可以使用父类所提供的方法，实现了代码的复用。

3. 分布式

Java 是面向网络的语言。通过它提供的类库可以处理 TCP/IP 协议，用户可以通过 URL 地址在网络上很方便地访问其他对象。

4. 鲁棒性

Java 在编译和运行程序时，都要对可能出现的问题进行检查，以消除错误的产生。它提供自动垃圾收集来进行内存管理，防止程序员在管理内存时容易产生的错误。通过集成的面向对象的异常处理机制，在编译时，Java 提示出可能出现但未被处理的异常，帮助程序员正确地进行选择以防止系统的崩溃。另外，Java 在编译时还可捕获类型声明中的许多常见错误，防止动态运行时不匹配问题的出现。

5. 安全

用于网络、分布环境下的 Java 必须要防止病毒的入侵。Java 不支持指针，一切对内存的访问都必须通过对象的实例变量来实现，这样就防止程序员使用"特洛伊"木马等欺骗手段访问对象的私有成员，同时也避免了指针操作中容易产生的错误。

6. 体系结构中立

Java 解释器生成与体系结构无关的字节码指令，只要安装了 Java 运行时刻环境，Java 程序就可在任意的平台上运行。

7. 可移植性

与平台无关的特性使 Java 程序可以方便地被移植到网络上的不同机器。同时，Java 的类库中也实现了与不同平台的接口，使这些类库可以移植。另外，Java 编译器是由 Java 语言实现的，Java 运行时刻环境由标准 C 实现，这使得 Java 系统本身也具有可移植性。

8. 解释执行

Java 解释器直接对 Java 字节码进行解释执行。字节码本身携带了许多编译时信息，使得连接过程更加简单。

9. 高性能

和其他解释执行的语言如 BASIC 不同，Java 字节码的设计使之能很容易地直接转换成对应于特定 CPU 的机器码，从而得到较高的性能。

10. 多线程

多线程机制使应用程序能够并行执行，而且同步机制保证了对共享数据的正确操作。通过使用多线程，我们可以分别用不同的线程完成特定的行为，而不需要采用全局的事件循环机制，这样就能很容易地实现网络上的实时交互行为。

11. 动态

Java 语言的设计使它适合于一个不断发展的环境。在类库中可以自由地加入新的方法和实例变量而不会影响用户程序的执行。并且 Java 通过接口来支持多重继承，使之比严格的类继承具有更灵活的方式和扩展性。

Java 语言的特性给网络编程带来了许多方便。根据用途的不同，Java 语言可分为以下三种版本：

Java SE(Java Standard Edition)：Java 的标准版，主要运用于桌面级的应用和数据库的开发。

Java EE(Java Enterprise Edition)：Java 的企业版，主要用于企业级开发，主要提供了企业级 Web 应用开发的各种技术。

Java ME(Java Micro Edition)：Java 的移动版，主要用于嵌入式的和移动式的开发，如手机应用软件开发。

1.3 Java 平台介绍

Java 平台由两大部分组成：Java 虚拟机（Java Virtual Machine，JVM）和 Java 应用编程接口（Java Application Programming Interface，Java API）。

Java 设计的初衷是使要建的能在任何平台上运行的程序不需要再在每个单独的平台上由程序员进行重写或重编译。Java 虚拟机使这个愿望变为可能，因为它能知道每条指令的长度和平台的其他特性。JVM 是通过在实际的计算机上仿真模拟各种计算机功能来实现的。Java 虚拟机有自己完善的硬件架构，如处理器、堆栈、寄存器等，还具有相应的指令系统。JVM 屏蔽了与具体操作系统平台相关的信息，使得 Java 程序只需生成在 Java 虚拟机上运行的目标代码（字节码），就可以在多种平台上不加修改地运行。Java 虚拟机在执行字节码时，实际上最终还是把字节码解释成具体平台上的机器指令执行的。

Java API 是一些预定义的类库，开发人员需要用这些类来访问 Java 语言的功能。Java API 包括一些重要的语言结构以及基本图形、网络和文件 I/O、数据库操作组件等，是软件组件的集合。

图 1-1 展示了 Java SE 的整个平台系统：

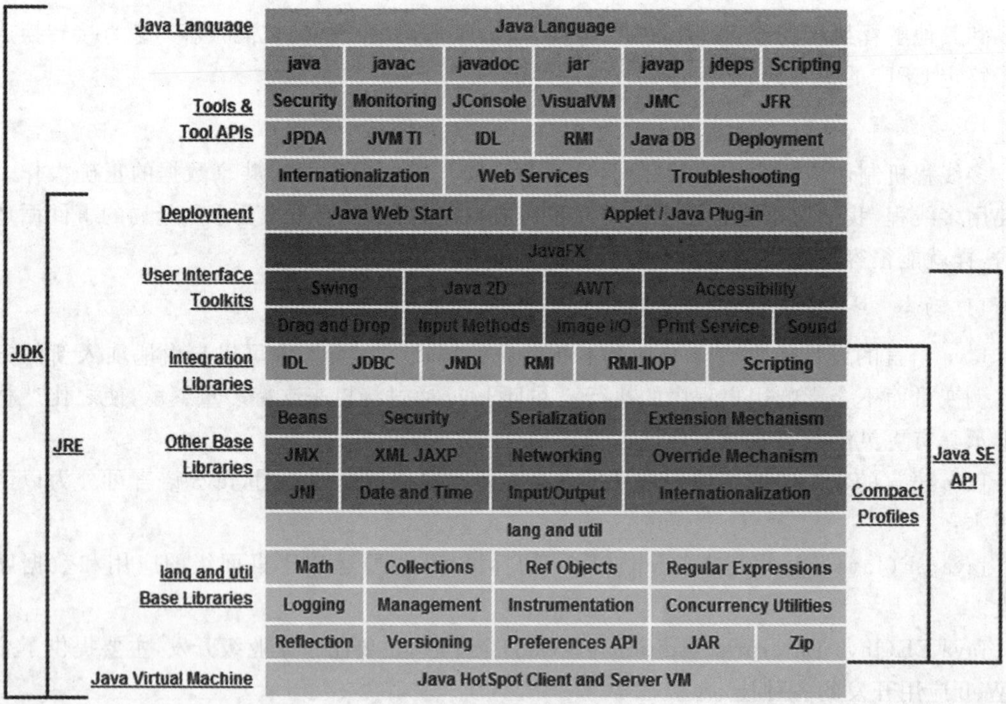

图 1-1　Java SE 平台系统

图 1-1 中，JDK 为 Java Development Kit，即 Java 开发工具包，包括运行环境、编译工具及其他工具、源代码等。而 JRE 为 Java Runtime Environment，即 Java 运行环境，运行 Java 程序

所必需的环境的集合,包含 JVM 标准实现及 Java 核心类库。

当我们在一台提供了 Java 运行环境 JRE 的计算机上运行 Java 程序,如应用程序 Java Program,通过 Java API 和 JVM 可以把 Java 程序从硬件依赖中分离出来,如图 1-2 所示。

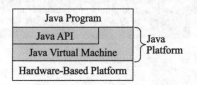

图 1-2 分离 Java 程序

作为一种独立于硬件平台的编程语言,Java 代码比本地代码慢一些,但随着技术的不断发展,Java 语言的表现在不牺牲可移植性的前提下也在不断地接近本地代码。

通过编译器,可以把 Java 程序源代码编译成一种中间代码,称为字节码。字节码可以看作是运行在 Java 虚拟机上的机器代码指令,可以运行在任何 JVM 上。Java 字节码使得 Java 程序编译一次,到处运行成为可能。

> **要点提醒:**
> ◇程序设计语言是计算机能够理解的、用于人和计算机之间进行交流的语言。
> ◇程序设计的过程主要包括分析问题、确定算法、用选定的程序设计语言编写源程序、调试和运行程序。
> ◇计算机程序设计语言可以划分为三大类:机器语言、汇编语言、高级语言。
> ◇Java 语言的三种版本:Java SE(Java Standard Edition)、Java EE(Java Enterprise Edition)和 Java ME(Java Micro Edition)。
> ◇Java 平台由两大部分组成:Java 虚拟机(Java Virtual Machine)和 Java 应用编程接口(Java Application Programming Interface)。
> ◇JDK 为 Java Development Kit(Java 开发工具包),包括运行环境、编译工具及其他工具、源代码等。而 JRE 为 Java Runtime Environment(Java 运行环境),运行 Java 程序所必需的环境的集合,包含 JVM 标准实现及 Java 核心类库。
> ◇Java 语言程序具有编译一次,到处运行的特点。

实训任务

[实训 1-1]浏览甲骨文股份有限公司网站,了解 Java 语言的发展动态。

[实训 1-2]通过互联网了解比较流行的开发 Java 程序的工具及其特点。

项目 2 开发第一个Java程序

本章目标

- JDK 的安装和配置
- 使用 JDK+记事本开发 Java 程序
- 使用 Eclipse 集成开发环境开发 Java 程序

2.1 下载、安装和配置 JDK

"工欲善其事，必先利其器"，在开始 Java Application 的编程之旅前，须先准备好开发环境。JDK 即 Java 开发工具包，包括了 Java 编译工具、运行环境、其他工具和 Java 基础类库等，JDK 是其他 Java 集成开发工具的基础。编写 Java 程序首先需要安装和配置好 JDK。

Step1：下载和安装 JDK

登录 Oracle 公司官网，找到 Java SE 的下载页面（http://www.oracle.com/technetwork/java/javase/downloads/index.html），选择"Java SE Downloads"，如图 2-1 所示。在打开的下载页中，根据自己的操作系统平台选择合适的 JDK 安装文件，如图 2-2 所示，64 位的 Windows 操作系统可选择文件名为"jdk-8u111-windows-x64.exe"的 JDK 下载安装。

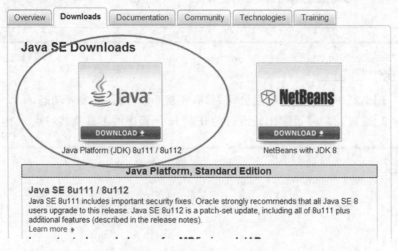

图 2-1 选择 Java SE 下载

Java SE Development Kit 8u111

You must accept the Oracle Binary Code License Agreement for Java SE to download this software.

Thank you for accepting the Oracle Binary Code License Agreement for Java SE; you may now download this software.

Product / File Description	File Size	Download
Linux ARM 32 Hard Float ABI	77.78 MB	jdk-8u111-linux-arm32-vfp-hflt.tar.gz
Linux ARM 64 Hard Float ABI	74.73 MB	jdk-8u111-linux-arm64-vfp-hflt.tar.gz
Linux x86	160.35 MB	jdk-8u111-linux-i586.rpm
Linux x86	175.04 MB	jdk-8u111-linux-i586.tar.gz
Linux x64	158.35 MB	jdk-8u111-linux-x64.rpm
Linux x64	173.04 MB	jdk-8u111-linux-x64.tar.gz
Mac OS X	227.39 MB	jdk-8u111-macosx-x64.dmg
Solaris SPARC 64-bit	131.92 MB	jdk-8u111-solaris-sparcv9.tar.Z
Solaris SPARC 64-bit	93.02 MB	jdk-8u111-solaris-sparcv9.tar.gz
Solaris x64	140.38 MB	jdk-8u111-solaris-x64.tar.Z
Solaris x64	96.82 MB	jdk-8u111-solaris-x64.tar.gz
Windows x86	189.22 MB	jdk-8u111-windows-i586.exe
Windows x64	**194.64 MB**	**jdk-8u111-windows-x64.exe**

图 2-2 选择适当的 JDK 安装文件

JDK 下载完成后,双击安装文件,程序会自动解压缩并开始安装过程,按照向导一步一步进行安装即可,安装过程中需记住安装的路径,在配置 JDK 时将会用到这个安装路径。如果安装过程中选择了 JDK 和 JRE 都安装,则安装完成后的目录路径类似 C:\Program Files\Java\jdk1.8.0_111 和 C:\Program Files\Java\jre1.8.0_111。

Step2:配置 JDK

在 Windows 系统下,JDK 需要进行环境变量的配置。具体过程如下:

(1)打开【控制面板】,打开【系统】,选择【高级系统设置】,在打开的对话框中选择【高级】标签页,然后单击【环境变量】按钮。

(2)在【环境变量】的【系统变量】中新建一个名字为"java_home"的变量,配置其值为"C:\Program Files\Java\jdk1.8.0_111",即 JDK 所在的路径,建了该变量后,别的变量可以使用 %java_home% 来引用它的值。

(3)在【系统变量】中找到变量 classpath(若无 classpath,则新建之),配置其值为".;%java_home%\lib\dt.jar;%java_home%\lib\tools.jar"。注意:变量 classpath 中的第一个值是英文句号".",表示当前目录。

(4)在【系统变量】中找到变量 path(若无 path,则新建之),在 path 变量值的最后添加"%java_home%\bin"。注意:变量值的各个值之间要以英文分号";"进行分隔。

Step3:测试 JDK 配置成功与否

(1)找到【Windows 系统】,选择【命令提示符】,打开命令提示符窗口。

(2)在命令提示符窗口中键入"java"命令并回车,如果出现图 2-3 所示的 java 命令的用法说明就表明 JDK 的 path 配置成功。

图 2-3 JDK 的 path 配置成功

2.2 JDK+记事本开发 Java 程序

JDK 没有提供 Java 程序源代码的编写环境，因此程序的源代码编写需要在其他的文本编辑器中进行，常见的适合 Java 的文本编辑器有很多，如记事本、Editplus、UltraEdit 等。

使用记事本编辑第一个 Java 程序源代码，保存时后缀名为.java。

例程 2-1 HelloWorld.java。

```java
public class HelloWorld {
    public static void main(String[] args) {
        System.out.println("Hello World——欢迎进入 Java 世界!");
    }
}
```

注意：

Java 程序源代码语句中所涉及的各种标点符号全部应是英文状态下输入的标点符号。比如"Hello World——欢迎进入 Java 世界!"中的引号必须是英文状态下的引号，但是引在双引号内部的文字和符号中英文皆可。

将上述 Java 程序源文件 HelloWorld.java 保存到 D:\目录下。

1. 编译 Java 源程序

在命令提示符窗口中，将当前工作目录切换到 D:\目录，键入"javac HelloWorld.java"命令并回车，若无报错信息，如图 2-4 所示，则说明：①JDK 的 classpath 配置成功；②HelloWorld.java 编译成功。

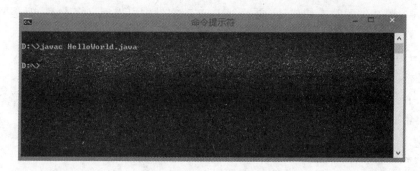

图 2-4 编译 HelloWorld.java

HelloWorld.java 编译成功在 D:\目录下会产生字节码文件 HelloWorld.class,.class 字节码文件是可以由 Java 虚拟机执行的文件。

2. 运行 Java 源程序

在命令提示符窗口,键入"java HelloWorld"命令并回车,观察运行结果,如图 2-5 所示。

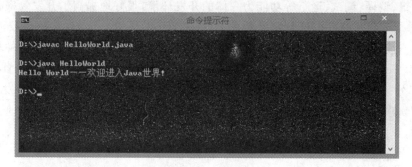

图 2-5 运行 HelloWorld

3. 源代码解析

```
public class HelloWorld {        //1
    public static void main(String[ ] args) {        //2
        System.out.println("Hello World——欢迎进入 Java 世界!");  //3
    }    //2
}    //1
```

将源代码中标示 1 的两行单独拿出来看:

```
public class HelloWorld {

}
```

这段代码定义了一个类 HelloWorld,其中 HelloWorld 是类的名字,class 是定义类的关键字,public 指出这个类是公共类,一对大括号{}括起来的是类体。其中只有 public 是可以省略的,把源代码改成如下代码重新编译、运行得到的结果是一样的。

```
class HelloWorld {
    public static void main(String[ ] args) {
        System.out.println("Hello World——欢迎进入 Java 世界!");
    }
}
```

类是.java源文件的基本构成,在同一个.java源文件中可以定义多个类,但是要注意以下几点:

➢ 在同一个Java源文件(即.java文件)中类的名字不能相同。
➢ 在同一个Java源文件中最多包含一个用public修饰的类。
➢ 在一个Java源文件中如果有public修饰的类,则.java文件的主文件名必须和public修饰的类的名字完全相同,包括大小写。

2.3 集成开发环境Eclipse

记事本只是普通的文本编辑工具,不能帮助检查Java程序源代码中的错误,使用记事本这类的文本编辑工具编写程序源代码,开发效率会比较低。集成开发环境(IDE)是集应用程序源代码编辑、编译、调试、运行等功能为一体的开发环境,很好地提高了开发效率。

Eclipse是一个开放可扩展且跨平台的自由集成开发环境。目前,它是比较流行的基于Java的集成开发环境之一。Eclipse的功能强大,与其他功能相对固定的IDE软件相比更加灵活,这是因为Eclipse得到众多插件的支持。Eclipse主要包括Eclipse Platform、JDT、CDT和PDE四个部分。其中,Eclipse Platform提供通用的开发平台,JDT支持Java开发,CDT支持C开发,PDE支持插件开发。Eclipse提供了实时代码纠错功能,这样可以更快地找到代码中的错误,提高开发效率。

1. 下载Eclipse

登录Eclipse官网(http://www.eclipse.org),可找到Eclipse IDE for Java Developers的最新版本的下载页,如https://eclipse.org/downloads/packages/eclipse-ide-java-developers/neon1a,根据自己的操作系统平台选择合适的Eclipse IDE下载即可,如图2-6所示。

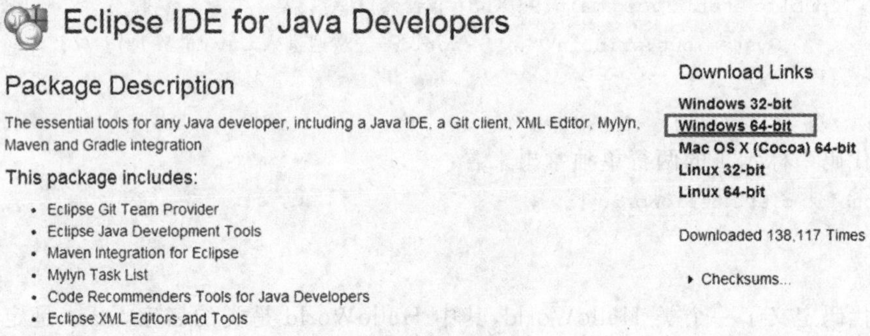

图2-6 下载Eclipse

下载的是Eclipse IDE的压缩包文件,无须安装,将压缩包解压缩到合适的目录下即可使用。例如解压缩至"C:\Program Files\eclipse"目录的话,双击该目录下的"eclipse.exe"即可启动Eclipse集成开发环境。

2. 配置Eclipse工作空间

启动Eclipse时,出现图2-7所示的工作空间设置对话框,可以修改默认的工作空间地址,此处将工作空间地址改为"d:\eclipse\workspace",则后续在 Eclipse 中创建的项目均会保存到此路径下。单击"OK"按钮开始启动 Eclipse,首次启动后出现图 2-8 所示的欢迎页面,单击右上角的"Workbench",打开图 2-9 所示的 Eclipse 工作台界面,这时就可开始使用 Eclipse 开发 Java 程序了。

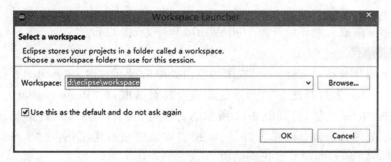

图 2-7　配置 Eclipse 工作空间

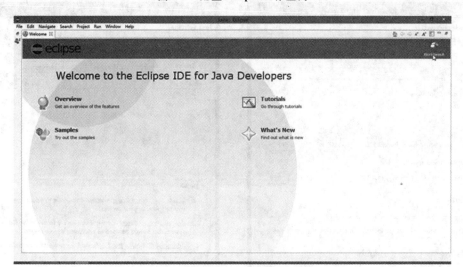

图 2-8　Eclipse 欢迎页面

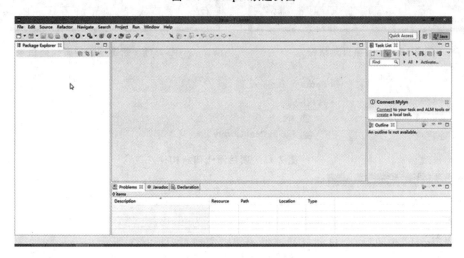

图 2-9　Eclipse 工作台界面

2.4 使用 Eclipse 开发 Java 程序

使用 Eclipse 集成开发环境开发 HelloWorld 程序,步骤如下。

Step1:新建项目

在 Eclipse 的"Package Explorer"视图的空白处单击鼠标右键,在弹出的快捷菜单中选择【New】|【Java Project】,打开图 2-10 所示的新建项目对话框,在"Project name"文本框中填写项目名称,单击"Next"按钮,打开图 2-11 所示的对话框,项目的 Java 源代码目录为 src,编译后得到的 class 文件目录为 bin,单击"Finish"按钮完成项目新建工作,在"Package Explorer"视图中得到图 2-12 所示的项目源代码结构。

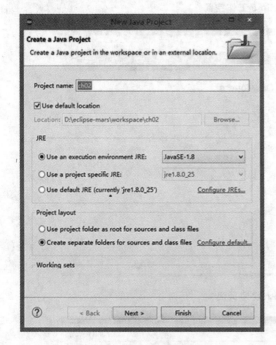

图 2-10 新建项目对话框

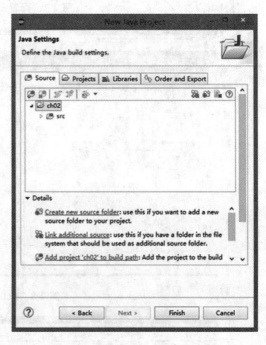

图 2-11 新建项目的源代码目录

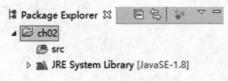

图 2-12 项目源代码结构

Step2:新建和编辑 Java 类

选中包名"src",单击右键,在弹出的快捷菜单中选择【New】|【Class】,打开"New Java Class"对话框,在该对话框中设置类所在的 Package 为 ch02,类名为 HelloWorld,如图 2-13 所示。单击"Finish"按钮后,会自动打开该类的编辑窗口,如图 2-14 所示。

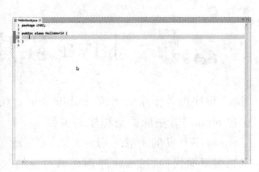

图 2-13 新建类对话框　　　　　图 2-14 类的编辑窗口

在 HelloWorld.java 的编辑窗口中编辑例程 2-2HelloWorld.java 的源代码,在编辑过程中,Eclipse 会同时进行编译工作,生成的.class 文件位于项目根目录的 bin 目录下。

例程 2-2　HelloWorld.java。

```
package ch02;
public class HelloWorld {
    public static void main(String[] args) {
        System.out.println("Welcome to Java World! ");
    }
}
```

Step3:运行并查看输出

源代码编辑完后,从包含 main()方法的主类运行程序。

有多种运行方式:可在 main()方法所在的主类中单击右键,在弹出的快捷菜单中选择【Run As】|【1 Java Application】;也可从工具栏上"运行"按钮的下拉菜单中选择执行 Java Application,如图 2-15 所示;还可从【Run】运行菜单中选择合适的命令运行。

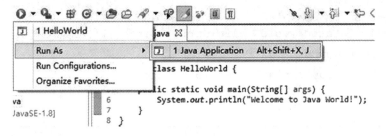

图 2-15 使用工具栏运行程序

在 Eclipse 的"Console"视图中查看程序运行的控制台输出结果，如图 2-16 所示。

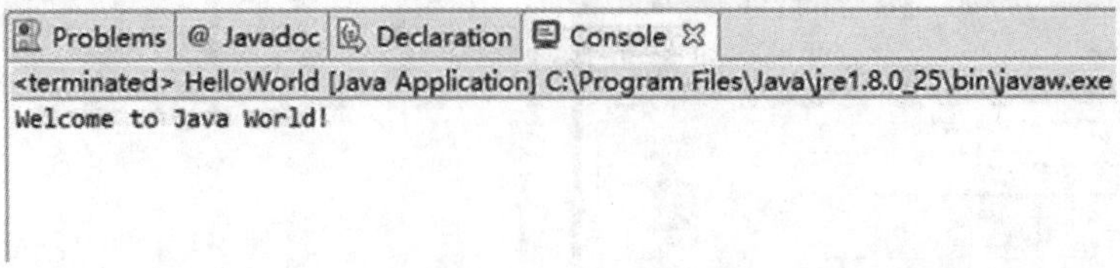

```
Problems  @ Javadoc  Declaration  Console
<terminated> HelloWorld [Java Application] C:\Program Files\Java\jre1.8.0_25\bin\javaw.exe
Welcome to Java World!
```

图 2-16　查看输出结果

2.5　Java 程序开发的一般流程

Java 程序由若干个类组成，public static void main(String[] args)方法是程序的执行入口，包含 main()方法的类是程序的主类。

Java 程序开发的一般流程为：

(1)编辑源代码，Java 程序源代码对应的源文件后缀名为.java，如 HelloWorld.java。

(2)编译得到字节码文件，后缀名为.class，字节码文件可被 Java 虚拟机解释执行，如 HelloWorld.class。Eclipse 集成开发环境在编辑源代码的同时就在进行编译工作，能实时提示源代码中的语法错误，编辑源代码时可根据报错信息及时进行修改。

(3)运行程序(即执行 main()方法)，查看程序输出结果。

要点提醒：

◇开发 Java 程序需先安装和配置 JDK。

◇使用 JDK＋记事本开发 Java 程序时，在命令提示符窗口使用 javac 命令编译.java 源文件，使用 java 命令运行 Java 类。

◇集成开发环境(IDE)是集应用程序源代码编辑、编译、调试、运行等功能为一体的开发环境，很好地提高了开发效率。

◇Eclipse 是常用的 Java 程序开发的集成开发环境。

实训任务

[实训 2-1]分别使用记事本和 Eclipse 集成开发环境开发如下 Java 程序，并运行。

```java
public class Hello{
    public static void main(String args[]){
        String name="Tom";
        System.out.println("Hello," + Tom);
    }
}
```

项目 3 Java 语言基础

本章目标

- Java 语言的基本语法
- Java 语言中的变量、常量和数据类型
- Java 语言中的运算符与表达式
- 简单的输入输出

3.1 Java 语言的基本语法

每一种语言都有自己的语法规则,编程语言也不例外。使用 Java 语言进行程序开发就必须遵从 Java 语言的语法规则。

3.1.1 Java 程序的基本结构

Java 程序可由若干个类组成,至少有一个类,初学者暂时可以简单理解为一个类就可以成为一个 Java 程序,这个类中需要包含一个 main() 方法,它是 Java 程序的执行入口。这样的类定义的一般格式如下:

```
修饰符   class   类名{
    public static void main(String[] args){
        程序代码
    }
}
```

需要注意的几个地方:

(1)修饰符目前用 public,表示这个类是公共的,它的可访问权限是最大的。

(2)class 是关键字,声明定义了一个类。

(3)Java 语言是严格区分大小写的,这里的 class 不能写为 Class,public 不能写为 Public,否则 Eclipse 编译时将报错。

(4)类名按照见名知意原则来取名,一般由一个或多个单词组成,每个单词首字母大写,如 HelloWorld。

(5)整个类体由一对大括号{}括起来,内部包含整个 main() 方法的定义。

(6)main() 方法由方法头和一对大括号{}括起来的方法体组成。方法头的写法固定,其中只有 args 这个参数名是可以修改的。方法体中的程序代码可以包含若干条可执行语句,每

条语句以分号(;)结束,代表实现一定的功能,例如:

```
System.out.println("Welcome to Java World! ");
```

这条语句的功能是输出这句话:Welcome to Java World!

除了双引号("")内部包含的内容,其他地方的符号全部是英文状态下的符号,如点(.)、双引号("")、分号(;)、大括号、小括号等。

(7)Java语言对代码的格式编排没有严格的限定,比如类定义的代码也可以按照如下格式进行排版:

```
修饰符  class  类名{ public static void main(String[] args){
        程序代码}  }
```

但这样的代码的层次不清晰,不便于阅读。因此,为提高程序代码的可读性,建议按照以下格式进行代码的排版:

```
public class Hello {
    public static void main(String args[]){
        String name="Tom";
        System.out.println("Hello," + Tom);
    }
}
```

被包含在类体内部的整个main()方法代码整体向右缩进,main()方法体中每一条语句各占一行。

3.1.2 标识符

在编写程序时,常常需要定义一些符号名称来标记类名、方法名、包名、变量名、参数名等,这些符号名称被称为标识符。标识符是由字母、数字、下划线(_)和美元符号($)组成的字符序列,区分大小写,不能以数字开头,不能是Java中的关键字。

以下为合法的标识符:

aIdentifier、_Identifier、$ Identifier、cat、stu_1

以下标识符不合法:

2018WorldCup(数字开头)、Identifier@Java(@为非法组成部分)、else(关键字)

在程序中使用标识符时,必须严格遵守标识符的定义规则,否则程序在编译时会报错。除以上必须遵守的规则之外,为了增强代码的可读性,建议也遵循以下的编码规范:

(1)类名、接口名每个单词的首字母大写,例如HelloWorld,MyClass。

(2)变量名、方法名第一个单词全小写,从第二个单词开始每个单词首字母大写,例如stuName,getStuName。

(3)常量名所有字母都大写,多个单词之间可以使用下划线连接,例如DAY_OF_WEEK。

(4)包名所有字母全小写,例如java.util。

3.1.3 关键字

关键字是Java语言中事先定义好的已经被赋予了特定含义的单词,也称作保留字。关键字对于Java的编译器来说有特殊的作用,如先前提到的class表示定义一个类。目前Java语言中的关键字如下所示:

abstract	boolean	break	byte	case	catch
char	class	const	continue	default	do
double	else	extends	final	finally	float
for	goto	if	implements	import	instanceof
int	interface	long	native	new	package
private	protected	public	return	short	static
strictfp	super	switch	synchronized	this	throw
throws	transient	try	void	volatile	while
assert	enum				

注意,所有的关键字都是小写,不能将关键字当作标识符来使用。

3.1.4 注释

注释是对程序中某行代码或某个功能的解释说明。在源代码中写上注释,是一个良好的开发习惯。一方面,注释可以帮助自己或者他人更好地理解源代码的用途、使用条件、使用方法、结果等;另一方面,便于以后的系统维护和升级等。

注释在 Java 源文件中有效,在编译程序时编译器会忽略这些注释信息,不会将其编译到字节码文件中去。

Java 语言的注释有三种类型,具体如下。

1. 单行注释: //

"//"后面的内容为注释内容,不参与编译。例如:

```
int i= 1;          //定义整型变量 i,初值为 1
```

2. 多行注释: /* ...... */

注释内容较长,需要换行时,使用 "/* 注释内容 */" 的形式进行注释。例如:

```
int i= 1;
/*定义整型变量 i
    i 的初值为 1
*/
```

3. Javadoc 注释: /* * .... */

使用 /* * ...... */ 括起来的注释,可以使用 Javadoc 工具提取其注释内容生成 HTML 形式的开发帮助文档。

3.2 常量与变量

计算机可以处理的数据是一个广义的概念。例如,128,3.14159 是数据,"你好"这一串字符也是数据,前者是数值数据,后者是字符串数据,是非数值数据。显然,为了表示这些数据,它们在内存中必须以不同的方式存放，占用的存储空间也不同，为处理这些数据，计算机能够对它们施加的运算类型也不同。为此，编程语言建立了数据类型的概念，对程序中处理的数据进行分类。

每一种数据类型定义了一个具有相同性质的数据集合。各种数据类型的数据具有不同的性质。程序中所用到的每一个数据（包括常量和变量），都有一个和它相联系的类型。由此决定了数据所具有的值，也决定了对该数据所能进行的操作。

3.2.1 常量

常量就是程序中固定不变的值，是不能改变的数据。

一种常量是程序中出现的字面值，它们也有所属的数据类型。比如：100 是整型常量，3.14159 是浮点型常量，'A' 是字符型常量，"你好" 是字符串常量，true 和 false 分别是表示逻辑真和假的常量。

这种字面值常用于给变量赋值，例如：

```
double price=8.5;    //定义了 double 类型的变量 price,赋予初值 8.5
```

其中赋值号（＝）的作用是将其后边的值赋给左边的变量，8.5 就是浮点型字面值常量。price 是变量，它的值是可以修改的，可再用赋值号（＝）将其值修改为别的值。例如：

```
double price=8.5;    //定义了 double 类型的变量 price,赋予初值 8.5
price=10.5;          //修改 price 变量的值为 10.5
```

另一种常量：通过关键字 final 将变量定义为常量。一个变量如果被定义为常量，则其值不可再修改。例如：

```
final double PI=3.14;    //正确
PI=3.1415926;            //编译时报错,常量 PI 的值定义后不可再修改
```

常量命名的规范是：所有字母全大写，多个单词之间用下划线（_）连接。

3.2.2 变量

变量是指在程序执行过程中其值可以改变的数据。程序运行期间，随时可能产生一些临时数据，程序会将这些数据保存在一些内存单元中，这些内存单元用一个标识符来进行标识，这样的内存单元就是变量，定义的标识符就是变量名，内存单元中存储的数据就是变量的值。

通过代码来学习变量的定义：

```
int m=10;    //定义了整型变量 m,初值为 10
int n;       //定义了变量 n,未赋予初值
n=m+3;       //取变量 m 的值与 3 相加,和值存入变量 n 的内存单元
```

上述代码执行到第二行时的内存状态如图 3-1 所示，执行第三行时的内存状态如图 3-2 所示。

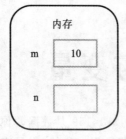
图 3-1 变量 m、n 在内存中的状态（第二行）

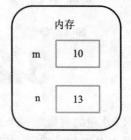
图 3-2 变量 m、n 在内存中的状态（第三行）

在方法体内,变量定义后须先赋值,然后才能使用。

例程 3-1 VariableDemo.java。

```java
package ch03;
public class VariableDemo {
    public static void main(String[] args) {
        int m;
        System.out.println(m);    //此行会报错
    }
}
```

编译时,语句 System.out.println(m);处会报错,原因就是变量 m 定义了变量名,未经赋值不可使用。

将上述例程代码修改为如下代码:

```java
package ch03;
public class VariableDemo {
    public static void main(String[] args) {
        int m;        //定义变量 m,未赋值
        m=10;         //m 的内存单元存入整型值 10
        System.out.println(m);
    }
}
```

可编译成功,运行结果将输出:10。

例程 3-2 VariableDemo2.java。

```java
package ch03;
public class VariableDemo2 {
    public static void main(String[] args) {
        int m; // 定义变量 m,未赋值
        m=10; // m 的内存单元存入整型值 10
        System.out.println(m);
        m=100; // 变量的值是可以修改的
        System.out.println("m 的新值:" + m);
    }
}
```

变量的值是可以修改的,本例程中变量 m 的初值是 10,后修改为 100,程序运行的输出为:

```
10
m 的新值:100
```

3.2.3 基本数据类型

一种数据类型定义了一个具有相同性质的数据集合。各种数据类型的数据具有不同的性质。程序中所用到的每一个数据,包括常量和变量,都有一个和它相联系的类型,由此决定了

数据所具有的值,也决定了对该数据所能进行的操作。

Java 语言中,数据类型大体上可以分为两种:基本数据类型和对象数据类型(也叫作引用类型)。

基本数据类型又可分为整型、浮点型、字符型和逻辑型。

➢ 整数类型:byte、short、int、long。

➢ 浮点类型:float、double。

➢ 字符类型:char。

➢ 逻辑类型:boolean。

1. 整型

Java 中根据所占内存大小的不同,整型可分为 byte、short、int、long 四种,如表 3-1 所示。

表 3-1 整数类型

整 型	内存大小/bit	取 值 范 围
byte	8	$-2^7 \sim 2^7-1$
short	16	$-2^{15} \sim 2^{15}-1$
int	32	$-2^{31} \sim 2^{31}-1$
long	64	$-2^{63} \sim 2^{63}-1$

bit 是最小的内存单位,用来存储一个二进制位的值 0 或 1。在 Java 中,没有无符号整型,在存储的时候,第 1 个 bit 表示符号:0 表示正数,1 表示负数。数在计算机中存储都是以补码的形式存储的。其中,正数的补码等于正数的原码,一个数的原码,就是将符号用 0 和 1 表示,其他位用二进制表示。负数的补码等于负数的原码取反加 1。(原码、反码、补码的相关知识请读者参考其他书籍)。

下面我们以 byte 为例,看看 7 和 −7 在计算机中的存储。7 的二进制数表示为 111,用 8 位描述,阴影格为符号位。

| 0 | 0 | 0 | 0 | 0 | 1 | 1 | 1 |

−7 用 8 位描述,即原码 10000111,将除符号位的其他位取反得反码 11111000,反码加 1,得补码:11111001。

不难看出,8 个 bit,表示的正数范围为 00000001 到 01111111,即 1~127;负数表示范围为 10000000 到 11111111(补码表示),即 −128~−1;00000000 表示 0。故 8 个 bit 所表示的整数范围为:−128~127。

整数类型的字面值除了日常所用的十进制之外,还可以使用八进制、十六进制表示。首位为"0"表示八进制的数值,首位为"0x"或"0X"表示十六进制的数值。

例如:

100　　　　　表示十进制的数值 100;

075　　　　　表示八进制的数值 75,换算为十进制数为 61;

0x1AB　　　　表示十六进制的数值 9ABC,换算为十进制数为 427。

为变量赋值的时候一定要注意类型匹配,而且赋给变量的值不能超出变量所属数据类型的值的范围。例如:

```
byte m=100;        //正确
byte m=150;        //错误,byte 的范围是-128~127,150 超出此范围
int i=true;        //错误,类型不匹配
```

程序中出现的整数形式的字面值,默认数据类型是 int。在整数数值末尾加字母 l 或者 L 表示此字面值为 long 长整型。由于小写字母 l 与数字 1 容易混淆,建议使用大写字母 L。

例如:

```
int n=0;           //正确
int n=0L;          //错误,0L 是 long 长整型
```

例程 3-3 IntDemo.java。

```java
package ch03;
public class IntDemo {
    public static void main(String[] args) {
        int a = 10; // 十进制数
        int b = 010; // 八进制数
        int c = 0x2A; // 十六进制数
        System.out.println("a = " + a + " b = " + b + " c = " + c);
    }
}
```

程序运行的输出为:

a = 10 b = 8 c = 42

2. 浮点型

浮点型也叫作实型,是表示实数数据的数据类型,分为单精度浮点型 float 和双精度浮点型 double。单精度浮点型占 32 位内存空间,双精度浮点型占 64 位,如表 3-2 所示。

表 3-2 浮点类型

浮 点 型	内存大小/bit	取值范围
float	32	$-3.40292347E+38 \sim 3.40292347E+38$
double	64	$-1.79769313486231570E+308 \sim 1.79769313486231570E+308$

如果一个数值包含小数点或指数部分,或者在数值后面带有字母 f 或 F、d 或 D,则该数为浮点型数据。数值后面带有字母 f 或 F,表示该数值为 float 型数据;带有字母 d 或 D,表示该数值为 double 数据;如果不带指明类型的字母,默认为 double 类型。

例如:

3.14159   double 型;

7.5f   float 型。

为 float 型变量赋值时,注意不能将 double 型的数据直接赋值给 float 类型变量。

例如:

```
float f = 0.5;      //错误,0.5 为 double 型
float f = 0.5F;     //正确
double d = 0.7;     //正确
```

例程 3-4 FloatDoubleDemo.java。

```java
package ch03;
public class FloatDoubleDemo {
    public static void main(String[] args) {
        float f1 = 10;
        float f2 = 10.0f;
        double d1 = 100;
        double d2 = 100.0;
        System.out.println("f1 = " + f1 + " f2 = " + f2 + " d1 = "
            + d1 + " d2 = " + d2);
    }
}
```

程序运行的输出为：

f1 = 10.0 f2 = 10.0 d1 = 100.0 d2 = 100.0

3. 字符型

Java 中，使用 char 类型表示单个字符，占 16 位内存空间。一个字符字面值常量是使用单引号引起来的一个字符，如 'a'、'B'、'你'、'好' 等。char 型数据在内存中实际上是一个 16 位的无符号的整数值，是字符对应的 Unicode 字符集中的字符编码值。因此，许多时候，字符型变量和整型变量有通用之处。

例如：

```
char ch = 'a';
/* 定义了一个 char 型的变量 ch,并赋值为字符'a',ch 变量的内存单元实际存储的是'a'的编码
值 97 */
int n = 2+ch;           //n 的值为 99
char b = 100;           //b 是字符'd'
char c = 70000;         //错误,70000 超出 char 范围
char d = (char)7000;    //强制类型转换后赋值
```

另外，Java 中也提供转义字符，以反斜杠"\"开头，将其后的字符转变为另外的含义，如表 3-3 所示。

表 3-3 转义字符

转义字符	含义
\ddd	表示 1~3 位八进制数所表示的字符，如'\141'表示'a'
\uxxxx	表示 1~4 位十六进制数所表示的字符，如'\u0042'表示'B'
\'	表示单引号字符
\"	表示双引号字符
\\	表示反斜杠字符
\r	表示回车
\n	表示换行
\f	表示走纸换页
\t	表示横向跳格
\b	表示退格

4. 逻辑类型

Java 中，boolean 是表达逻辑关系为真(true)或假(false)的数据类型，在内存中占 8 位，也叫作布尔类型。boolean 型常量只有两个值：true 和 false。例如：

```
boolean flag1 = true;        //正确
boolean flag2 = 0;           //错误,在 Java 中不能用数字表示逻辑值的 true、false
```

3.2.4 类型转换

程序中，如果需要将一种数据类型的值赋给另一种数据类型的变量，需要进行数据类型的转换。数据类型转换可分为两种：自动类型转换和强制类型转换。

1. 自动类型转换

自动类型转换也叫作隐式类型转换，指两种数据类型在转换过程中不需要显式地通过代码进行声明。自动类型转换必须同时满足两个条件：一是两种数据类型彼此兼容，二是目标（被赋值的）类型的取值范围大于源类型的取值范围。

例如：

```
int    a=100;
double b=a+200;              //自动类型转换成功,b 的值为 300.0
```

常见的可以实现自动类型转换的情形如下：

(1) 整型之间可以实现自动类型转换，byte 类型数据可以赋值给 short、int、long 型变量，short、char 类型数据可以赋值给 int、long 型变量，int 类型可以赋值给 long 型变量。

(2) 整型转换为 float 类型，byte、short、char、int 类型的数据可以赋值为 float 类型的变量。

(3) 其他数值类型转换为 double 类型，byte、short、char、int、long、float 类型的数据可以赋值给 double 型的变量。

2. 强制类型转换

强制类型转换也叫作显式类型转换，指两种数据类型之间的转换需要进行显式的代码声明。当目标类型的取值范围小于源类型的取值范围时，自动类型转换无法进行，此时就需要进行强制类型转换。

强制类型转换的格式为：

    (目标类型)值

例如：

```
int i;
double d=10.2;
i = d;           //编译报错
```

修改为：

```
i = (double)d;           //编译通过,i 被赋值为 10
```

例程 3-5 TypeConversionDemo.java。

```
package ch03;
public class TypeConversionDemo {
    public static void main(String args[]) {
        int i = (int) 18.9; // 强制类型转换
        byte b = (byte) 150; // 强制类型转换
        float f = 100; // 自动类型转换
        System.out.println("i=" + i);
        System.out.println("b=" + b);
        System.out.println("f=" + f);
    }
}
```

程序运行的输出为：

i=18
b=-106
f=100.0

观察输出结果，可以看到 b 的值是由 int 型整数 150 强制转换为 byte 类型得到的，不再是整数 150 了。这是由于 int 类型在内存中占 4 个字节 32 位，byte 类型在内存中只占 1 个字节 8 位，将 int 型数据转换为 byte 型时 3 个高位字节的数据丢失了，因此数据的值发生了改变。

3.2.5 引用数据类型

Java 中除了上面介绍的 8 种基本数据类型外，更多的是引用类型。所有的 Java 系统类、数组和自定义类都属于引用数据类型，典型的引用数据类型如 String。

基本数据类型的变量内存空间存放变量的值，引用数据类型的变量内存空间存储的是一个引用地址，这个地址是指向实际的对象存储空间的。

例如：

```
int m=10;              //定义了整型变量 m,值为 10
String name="张三";    //定义了 String 类型变量 name,值为"张三"的存储地址,如图 3-3 所示
```

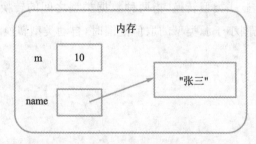

图 3-3 变量 m、name 在内存中的状态

例程 3-6 StringDemo.java。

```
package ch03;
public class StringDemo {
```

```
    public static void main(String[] args) {
        String s1 = "大家好";
        String s2 = new String("欢迎光临!");
        char ch = s1.charAt(2);
        String s3 = s2.substring(2);
        System.out.println("s1 = " + s1);
        System.out.println("s2 = " + s2);
        System.out.println("s3 = " + s3);
        System.out.println("ch = " + ch);
    }
}
```

程序运行的输出为：

```
s1 =大家好
s2 =欢迎光临!
s3 =光临!
ch =好
```

3.3 运算符与表达式

Java 语言中的运算符是指类似＋、－、＊、/的一些特殊符号，运算符用于对数据进行各种类型的运算，如算术运算、赋值、比较操作等，并产生运算结果值。

按照参与运算的数据个数，运算符可以分为单目运算符(如自增＋＋、自减－－)、双目运算符(如乘法＊、除法/)、三目运算符(条件运算符?:)。

按照运算符的功能，运算符可分为算术运算符、赋值运算符、关系运算符、逻辑运算符、条件运算符、位运算符等。

3.3.1 算术运算符

算术运算符用在数学表达式中，其用法和功能与数学中的类似，主要进行加减乘除四则运算。Java 中的算术运算符如表 3-4 所示。

表 3-4 算术运算符

运算符	含义	范例		结果(b)	
＋	正号(单目),加法(双目)	a＝＋10;	b＝3＋a;	10	13
－	负号(单目),减法(双目)	a＝－10;	b＝a－3;	－10	－13
＊	乘法	a＝5; b＝a＊3;		15	
/	除法	a＝5; b＝a/3;		1	
％	求模(取余)	a＝5; b＝a％3;		2	
＋＋	自加	a＝5; b＝＋＋a;	b＝a＋＋;	6	5
－－	自减	a＝5; b＝－－a;	b＝a－－;	4	5

算术运算符看起来运算规则比较简单,但也有些需要注意的地方。

乘法 *、除法 /、求模 % 运算符的优先级高于加法 +、减法 - 运算符。% 运算符为求模运算符,其结果是两个操作数相除得到的余数。除法 / 运算符,若两个操作数都为整数,结果是除法的整数商值。例如:

12 * 3   值为 36
15.0/4   值为 3.75
15%4   值为 3

对于算术运算符而言,运算结果的类型取决于两个操作数的数据类型。当两个操作数的数据类型为 byte、char、short 或 int 时,其运算结果的数据类型为 int。其他情况下,运算结果的数据类型将为两个操作数中取值范围较宽的数据类型,即 Java 按照运算符两边操作数的最高精度保留结果的精度。例如:

'a'/4   值为 24,'a'的编码为 97,相当于 97/4;
'a'%4   值为 1,相当于 97%4;
15/4   值为 3,而不是 3.75;
16.0/4   值为 4.0;
15.0%4   值为 3.0;
15.5%4.0   值为 3.5;
15.5%4.1   值为 3.2;
-18/-4   值为 4。

> **注意:**
> (1) 取模运算中,如果有操作数为负数,模运算的结果的正负取决于左边的操作数。例如:
> -18%-4 值为 -2;
> 18%-4 值为 2。
> (2) %、/ 运算中,当右边操作数为 0 时,如果操作数均为整数,则会抛出算术异常 ArithmeticException。如果有一边为浮点类型的数据,则 / 的运算结果为无限值(Infinity),% 的运算结果为 NaN 值(Not a Number)。
> (3) +、-、* 的运算结果如果超过数据类型的表示范围即发生数据溢出时,不会抛出算术异常 ArithmeticException,只会导致结果数据精度丢失的现象。

例程 3-7 OverflowDemo.java。

```java
package ch03;
public class OverflowDemo {
    public static void main(String[] args) {
        System.out.println(1234567 * 10);//正常
        System.out.println(1234567897 * 10);//溢出
        System.out.println(1234567897L * 10);//正常
    }
}
```

程序运行的输出为:
```
12345670
-539222918
12345678970
```

此例中 1234567897 * 10 超出了 int 型的表示范围,发生了数据溢出。

++、-- 运算符:称为自增、自减运算符,都是单目运算符,可以放在操作数之前或之后。操作数必须是一个整型或浮点型变量,作用是使变量的值增 1 或减 1。

++、-- 在操作数之前,表示操作数先自增 1 或自减 1,再与其他操作数进行其他运算。

++、-- 在操作数之后,表示操作数先以原值与其他操作数进行其他运算,之后再自增 1 或自减 1。

例程 3-8 ArithmeticDemo.java。

```java
package ch03;
public class ArithmeticDemo {
    public static void main(String[] args) {
        int x = 5, y = 6;
        int m, n;
        m = 1+x++;
        n = ++y+1;
        System.out.println("x = " + x);
        System.out.println("y = " + y);
        System.out.println("m = " + m);
        System.out.println("n = " + n);
    }
}
```

程序运行的输出为:
```
x = 6
y = 7
m = 6
n = 8
```

3.3.2 关系运算符

关系运算符用来比较两个操作数的关系,也叫作比较运算符,结果是逻辑类型的值,即 true 或 false。Java 中包含的关系运算符如表 3-5 所示。

表 3-5 关系运算符

运算符	含义	范例	结果
>	大于	5>3	true
>=	大于等于	3>=5	false
<	小于	3<5	true

续表

运算符	含义	范例	结果
<=	小于等于	3<=5	true
==	等于	3==5	false
!=	不等于	3!=5	true

> **注意：**
> 等于运算符是两个等于号（==）紧挨着，中间没有空格，也不要写成单个等于号，单个等于号是赋值运算符。

例程 3-9 CompareDemo.java。

```java
package ch03;
public class CompareDemo {
    public static void main(String[] args) {
        int i = 5;
        char ch = 'a';
        double d = 10.5;
        boolean b = true;
        System.out.println(ch > i);
        System.out.println(d > ch);
        System.out.println(true != false);
        //System.out.println(i < b);
        //此处报错,i 和 b 不具备可比性
        //System.out.println(true > false);
        //此处报错,true 和 false 不可比较大小
    }
}
```

程序运行的输出为：

```
true
false
true
```

关系运算符不允许将 boolean 类型的值和其他数据进行大于、小于等运算，只能进行等于（==）或不等于（!=）运算。

3.3.3 逻辑运算符

逻辑运算符用于对逻辑值即 true 或 false 进行操作，其结果仍然是一个逻辑值。Java 的逻辑运算符如表 3-6 所示。

表 3-6　逻辑运算符

运算符	含　　义	范　　例	结　　果
&	逻辑与,两边同为 true,则结果为 true	true & true	true
		true & false	false
		false & true	false
		false & false	false
|	逻辑或,两边只要有一个为 true,则结果为 true	true | true	true
		true | false	true
		false | true	true
		false | false	false
^	逻辑异或,两操作数相异则为 true,否则为 false	true ^ true	false
		true ^ false	true
		false ^ true	true
		false ^ false	false
!	逻辑非,! true 为 false,! false 为 true	! true	false
		! false	true
&&	短路与,两边同为 true,则结果为 true	true && true	true
		true && false	false
		false && true	false
		false && false	false
||	短路或,两边只要有一个为 true,则结果为 true	true || true	true
		true || false	true
		false || true	true
		false || false	false

例程 3-10　LogicDemo.java。

```
package ch03;
public class LogicDemo {
    public static void main(String[] args) {
        boolean a = true;
        boolean b = false;
        boolean c1 = a | b;
        boolean c2 = a || b;
        boolean d1 = a & b;
        boolean d2 = a && b;
```

```
            boolean e = a ^ b;
            boolean f1 = (! a & b) | (a & ! b);
            boolean f2 = (! a && b) || (a && ! b);
            boolean g = ! a;
            System.out.println("a = " + a);
            System.out.println("b = " + b);
            System.out.println("a|b = " + c1);
            System.out.println("a||b = " + c2);
            System.out.println("a&b = " + d1);
            System.out.println("a&&b = " + d2);
            System.out.println("a^b = " + e);
            System.out.println("!a&b|a&! b = " + f1);
            System.out.println("!a&&b||a&&! b = " + f2);
            System.out.println("!a = " + g);
        }
    }
```

程序运行的输出为：

```
a = true
b = false
a|b = true
a||b = true
a&b = false
a&&b = false
a^b = true
!a&b|a&!b = true
!a&&b||a&&!b = true
!a = false
```

观察此例的输出，不难发现 | 和 ||、& 和 && 的运算结果是相同的。那它们之间到底有什么区别呢？&& 和 || 称为短路与和短路或，有如下特性。

a&&b：如果 a 的值为 false，则整个表达式的结果为 false，与 b 的值没有关系，所以表达式 b 将不被运算，即表达式 b 被短路了。

a||b：如果 a 的值为 true，则整个表达式的结果为 true，与 b 的值没有关系，所以表达式 b 将不被运算，即表达式 b 被短路了。

3.3.4 赋值运算符

赋值运算符的作用是将常量、变量或表达式的值赋给某一个变量。Java 的赋值运算符如表 3-7 所示。

表 3-7 赋值运算符

运算符	含义	范例	结果(a，b)
=	基本赋值	a=5; b=3;	5，3
+=	加等于	a=5; b=3; a+=b;	8，3

续表

运算符	含义	范例	结果(a，b)
－＝	减等于	a＝5；b＝3；a－＝b；	2，3
＊＝	乘等于	a＝5；b＝3；a＊＝b；	15，3
／＝	除等于	a＝5；b＝3；a／＝b；	1，3
％＝	模等于	a＝5；b＝3；a％＝b；	2，3

赋值运算符的运算顺序是从右往左，先计算赋值号右边表达式的值，再将值赋给左边的变量。表3-7中除基本赋值运算符以外，都是复合赋值运算符，运算规律以＋＝为例，"a ＋＝ b;"相当于进行"a ＝ a＋b;"的运算，即先将a的值与b的值进行加法运算，得到的结果再赋给变量a，替换其内存空间中原本的值。

在进行赋值运算时，需要注意赋值号左右操作数数据类型的兼容性问题，必要的时候可能需要进行类型转换。类型转换的相关内容可参考本章3.2.4节。

3.3.4 条件运算符

Java语言有一个三目运算符，参与运算的操作数是3个，这个运算符就是条件运算符。条件运算符的格式如下：

条件表达式 ？表达式1：表达式2

当条件表达式的值为true时，运算结果为表达式1的值，否则为表达式2的值。

例如：

```
int score = 80;
String grade = score >= 60 ?"及格":"不及格";
```

则grade的值为"及格"。

例程3-11 ConditionalDemo.java。

```java
package ch03;
public class ConditionalDemo {
    public static void main(String[ ] args) {
        int a, b;
        a = 10;
        b = a < 0 ? -a : a;
        System.out.println(a + "的绝对值为:" + b);
        a = -10;
        b = a < 0 ? -a : a;
        System.out.println(a + "的绝对值为:" + b);
    }
}
```

程序运行的输出为：

10的绝对值为:10
-10的绝对值为:10

3.3.5 运算符的优先级

实际开发中,可能在一个运算过程中有多个运算符,那么运算时,就要按照运算符优先级的高低来决定运算的先后次序,级别高的运算符先运算,级别低的运算符后运算,Java 运算符优先级如表 3-8 所示。

表 3-8 运算符的优先级

优先级	描述	运算符	结合性
1	分隔符	[ ] ( ) . , ;	
2	对象归类、自增自减、逻辑非	instanceof ++ -- !	从右到左
3	算术乘除	* / %	从左到右
4	加减	+ -	从左到右
5	移位运算	<< >> >>>	从左到右
6	大小关系运算	< <= > >=	从左到右
7	相等关系	== !=	从左到右
8	逻辑与、按位与	&	从左到右
9	逻辑异或、按位异或	^	从左到右
10	逻辑或、按位或	|	从左到右
11	短路逻辑与运算	&&	从左到右
12	短路逻辑或运算	||	从左到右
13	三目条件运算	?:	从左到右
14	赋值运算符	=	从右到左

注意:

(1)表 3-8 中优先级按照从高到低的顺序书写,也就是优先级为 1 的优先级最高,优先级 14 的优先级最低。

(2)结合性是指运算符结合的顺序,通常都是从左到右。从右向左的运算符最典型的就是自增、自减运算。

(3)要区分正负号(单目)和加减号(双目)。

例程 3-12 PriorityDemo.java。

```
package ch03;
public class PriorityDemo {
    public static void main(String[] args) {
        int a = 10;
        int b = 20;
        int c = 30;
```

```
            System.out.println(a + b * c);
            System.out.println((a + b) * c);
            System.out.println(a <30 && a % 10 != 0 );
            System.out.println(a = b >30 ?1: 2);
            System.out.println(a>10 && a< 40 || b>10 && b< 40 || c>10 && c>40);
        }
    }
```

程序运行的输出为：

```
610
900
false
2
true
```

3.3.6 表达式与语句

表达式是由变量、常量、对象、方法调用和运算符组成的公式。符合语法规则的表达式可以被编译系统理解、执行或计算，表达式的值就是对它运算后所得的结果。

计算机程序其实就是一组指令的集合，告诉计算机做什么，其中的每个指令称为语句。Java中的语句可以是以下这些类别。

(1)表达式语句：由表达式后面加分号构成。最典型的是赋值语句：

```
a = 10;
b = Math.abs(-10);
a += b*2;
```

(2)方法调用语句，如：

```
System.out.println("Hello!");
```

(3)复合语句：用一对大括号{}把若干语句括起来构成复合语句。如：

```
{
  a = 10;
  b = a + 5;
}
```

(4)流程控制语句：用于控制程序执行流程的语句，将在下一章中详细介绍。

(5)包定义语句和导入类的语句。

package 语句：包语句，必须在 Java 源文件的第一行。

import 语句：导入类的语句，在 package 语句之后，所有类定义之前。

3.4 简单的输入输出

在之前的例程中我们已经熟悉了使用 System.out.println()方法来进行程序运行结果的输出。System 是一个系统类，它的完整类名是 java.lang.System，该类封装了运行时环境的多个方面。所有的 Java 程序自动导入 java.lang 核心语言包,因此程序中要使用 System 类,无须显式地导入该包就可以直接使用。System 包含三个预定义的实现输入输出操作的流对象,即 System.in、System.out 和 System.err。

System.out 引用了 System 类的一个静态成员 out。在 JRE 启动时,System.out 被初始化成标准输出对象。println()是 System.out 的一个功能方法,它向标准输出(屏幕)打印出指定字符串,然后换行,例如:System.out.println("Hello world!");。

System.in 是 InputStream 字节输入流的对象,其中包含的 read()方法可以接收键盘输入的数据,但这个方法不能按照数据类型来接收输入,使用起来不太方便。

为解决键盘输入不方便的问题,JDK 1.5 开始新增了一个 Scanner 类,位于包 java.util 中,可以比较方便地实现接收键盘输入的数据。Scanner 类不是 java.lang 核心语言包中的类,在程序中使用这个类必须先使用导入语句将其引入。如下:

```
import java.util.Scanner;    //该语句应在类定义之前,包定义之后
```

例程 3-13 InputDemo.java。

```java
package ch03;
import java.util.Scanner;

public class InputDemo {
    public static void main(String[] args) {
        System.out.println("请输入一个整数:");
        Scanner scan = new Scanner(System.in);
        int n = scan.nextInt();
        System.out.println("您输入的是: " + n);
    }
}
```

程序运行的输出是:

请输入一个整数:
10
您输入的是:10

程序执行至 scan.nextInt()时,会造成阻塞,等待用户在命令行输入数据,回车并确认,此时若输入 10 并回车,则会产生如上所示的运行输出。

Scanner 除了可以接收整数数据输入外,还可以使用 nextByte()、nextDouble()、nextFloat()、nextLong()、nextShort()等方法接收 byte、double、float、long、short 类型的数据,nextLine()方法可以接收一行文本字符串。读者可以自行改写上述例程来熟悉 Scanner 的使用。

要点提醒:
◇ 标识符是用来标识类名、变量名、方法名、类型名、数组名、文件名的有效字符序列。
◇ 所有的关键字都是小写。另外,不能将关键字当作标识符来使用。

◇在程序执行过程中其值可以改变的数据,称为变量。每个变量都要有一个名称,这就是变量名。变量名由用户自己定义,但必须符合标识符的规定。

◇Java中还可以通过关键字final将变量定义为常量。一个变量如果被定义为常量,则这个常量的值不可再修改。

◇Java语言的基本数据类型是:boolean、char、byte、short、int、long、float、double。

◇Java的运算符主要有算术运算符、关系运算符、逻辑运算符、赋值运算符和条件运算符等。

◇在进行复杂的表达式运算时,注意根据运算符的优先级和结合性来确定运算顺序。

◇System.out.println()可以实现简单的程序输出,程序接收键盘输入的数据可以使用java.util.Scanner类。

实训任务 □□□

[**实训3-1**]编写程序,接收用户输入的一个浮点数,把它的整数部分输出。

[**实训3-2**]编写程序,输入学生的一门课程的分数,判断他是否及格,并输出及格与否的反馈信息。

[**实训3-3**]编写程序,输入2个整数,然后输出它们的商和余数。

[**实训3-4**]编写程序,输入一个整数,判断其奇偶性:如果为偶数,输出true;否则输出false。

项目 4　程序的流程控制

本章目标

- 使用 if-else 语句和 switch 语句
- 使用 for 循环、while 循环和 do-while 循环语句
- 使用 break、continue 跳转语句
- 使用循环的嵌套

4.1　流程控制语句

现实世界中各种事务的处理总是按照一定的流程步骤来进行的,各种生产作业也是按照一定的工序来完成的;在程序设计中,为完成一定的操作或实现一定的功能,也需要按照一定的顺序安排好需要执行的语句,这就是流程控制。

程序设计中,最基本的流程控制是顺序的,即按照语句出现的先后次序顺次执行,如图 4-1 所示,称作顺序结构。

图 4-1　顺序结构

例程 4-1　SequenceDemo.java。

```java
package ch04;
public class SequenceDemo {
    public static void main(String[] args) {
        String name = "张三";
        String msg = "Welcome to Java World!";
        System.out.print(name);
        System.out.print(" : ");
        System.out.println(msg);
    }
}
```

程序运行的输出为：
张三：Welcome to Java World!

顺序结构是程序代码的默认执行流程。事实上,大多数事务处理或生产工序都不可能一成不变地按照特定的流程一直进行下去,更多的时候需要根据实际的情况来选择、确定下一步要做什么,仅仅只有顺序结构是不能满足需求的。

程序的流程控制也是如此,除顺序结构之外,还有两种执行流程,它们根据特定的条件决定下一步执行什么语句,这两种结构就是选择结构和循环结构。

Java 语言支持上述三种流程控制结构,其中选择结构和循环结构需要特定的语句来控制其执行流程。

Java 实现选择结构的语句有：if-else 语句和 switch 语句。

Java 实现循环结构的语句有：for 语句、while 语句和 do-while 语句。

4.2 选择结构语句

4.2.1 if-else 语句

if-else 语句的基本格式：

```
if(条件){
    语句序列1
}else{
    语句序列2
}
```

此处的条件应为结果是布尔值的表达式。当表达式的值为 true 时,表示条件成立,将执行 if 后{}中的语句序列 1；表达式结果为 false 时,代表条件不成立,将执行 else 后{}中的语句序列 2。语句执行流程如图 4-2 所示。

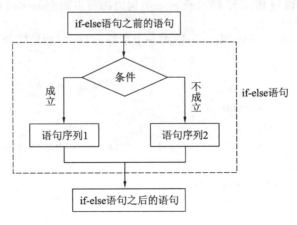

图 4-2 if-else 语句执行流程

例程 4-2　IfDemo1.java，根据 x 的值的不同，显示 x 是偶数还是奇数。

```java
package ch04;
public class IfDemo1 {
    public static void main(String[] args) {
        int x = 9;
        if (x % 2 == 0 ) {
            System.out.println("x 是偶数");
        } else {
            System.out.println("x 是奇数");
        }
    }
}
```

程序运行的输出为：

```
x 是奇数
```

注意：

(1)if 子句和 else 子句的{}中，如果只有一条语句，则{}可以省略不写，但为了增强程序的可读性，最好不要省略。如：

```java
if (x%2 == 0)
    System.out.println("x 是偶数");
else
    System.out.println("x 是奇数");
```

(2)if 语句中，else 子句是可选的，可以有也可以没有。如：

```java
y = 0;
if (x > 1){
    y = 1;
}
```

上面的代码中，如果 x > 1，则将 1 赋值给 y，否则，y 的值依旧为 0。

(3)if-else 语句可以嵌套，if 子句内或 else 子句内都可以嵌套 if-else 语句。

例程 4-3　IfDemo2.java，要求先输入一个字符，然后判断该字符是大写字母、小写字母还是其他字符。

```java
package ch04;
import java.io.IOException;
public class IfDemo2 {
    public static void main(String[] args) throws IOException{
        char c;
        c = (char)System.in.read();
        if (c >= 'a' && c <= 'z'){
            System.out.println("输入的是小写英文字母");
        }else {
```

```
                if (c >= 'A' && c <= 'Z') {
                    System.out.println("输入的是大写英文字母");
                }else{
                    System.out.println("输入的是其他字符");
                }
            }
        }
    }
```

程序运行的输出是：

$

输入的是其他字符

程序执行到 System.in.read()时会造成阻塞,等待用户输入一个字符并回车确认,此处用户输入美元符号＄后回车,然后继续执行后续语句,最终根据 if-else 语句条件判定,输出结果。

此例程是在 else 子句中嵌套了一个完整的 if-else 语句。

if-else 语句有嵌套情形时,else 子句总是与最近一个没匹配的 if 子句进行匹配。例如：

```
if(x > 0)
    if (x >3)
        y = 1;
    else
        y = -1;
```

在上述代码中,else 与第二个 if 匹配。

(4)if-else if-else 语句。在 if-else 语句的嵌套情形中,有一种比较规整的嵌套格式,格式如下：

```
if(条件 1){
    语句序列 1
}else   if(条件 2){
    语句序列 2
}
    ……
else if(条件 N){
    语句序列 N
}else{
    语句序列 N+1
}
```

上述结构是在每一个 else 分支中又嵌套了一个 if-else 结构,并层层嵌套,达到描述多种分支条件的目的。其执行流程如图 4-3 所示。

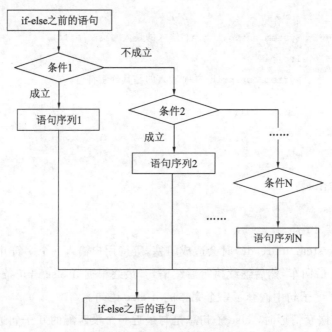

图 4-3　if-else if-else 语句执行流程

例程 4-4　IfDemo3.java，根据输入的分数判定成绩等级并输出。

```
package ch04;
import java.util.Scanner;
public class IfDemo3 {
    public static void main(String[] args) {
        /*
         * 90-100:优秀
         * 80-89:良好
         * 60-79:及格
         * 0-59:不及格
         */
        System.out.println("请输入一个百分制分数:");
        Scanner scan = new Scanner(System.in);
        int score = scan.nextInt();//分数
        String grade="";       //等级信息
        if(score>=90){
            grade = "优秀";
        }else if(score >= 80){
            grade= "良好";
        }else if(score >= 60){
            grade= "及格";
        }else{
            grade = "不及格";
        }
```

```
            System.out.println("等级为:" + grade);
        }
    }
```

程序运行的输出为：

请输入一个百分制分数：
82
等级为:良好

用户输入的分数值不满足第一个判定条件 score>=90，但是满足第二个判定条件 score>=80，故而 grade 的值被赋为"良好"。

上述例程对分数区间进行了清晰的划分，用一个很规整的 if-else if-else 结构来描述了各个分支。但有的时候多种分支条件可能很复杂，这时候就要灵活地使用 if-else 的嵌套了。

if 子句和 else 子句都可以再嵌套 if-else 语句，而 else 分支还可以省略，那么嵌套的 if-else 结构其实可以有很多种变形，常见的如下所示。

(1)嵌套的 if-else 变形 1：在 if 子句内嵌套 if-else 语句。

```
if(条件 1){
    //语句
    if(条件 2){
        //语句
    }else{
        //语句
    }
    //语句
}else{
    //语句
}
```

(2)嵌套的 if-else 变形 2：在 else 子句内嵌套 if-else 语句。

```
if(条件 1){
    //语句
}else {
    //语句
    if(条件 2){
        //语句
    }else{
        //语句
    }
    //语句
}
```

说明：
➢ 如果有必要的话，上述结构中的 else 分支都是可以省略的。
➢ 即使 if 或 else 子句中的可执行语句只有 1 条，也最好不要省略{}，如果分支中嵌套了 if-else 语句，就更不要省略{}，{}可以界定 if 或 else 分支的范围，以方便对 if 和 else 进行匹配。

➤ 在嵌套的 if-else 结构中，else 与 if 配对的原则是：else 总是与其前面最近的一个未配对过的 if 配对。弄清 else 与哪个 if 配对，才能理清所描述的条件。

➤ 无论嵌套的 if-else 以何种变形出现，能表达多少种不同的分支条件，成立的条件总是只有 1 个，能被执行到的分支也总是只有 1 条。

4.2.2 switch 语句

除了嵌套的 if-else 可以实现多条分支结构外，Java 还提供了另一种描述多分支的结构：switch 语句。其语法格式如下：

```
switch(表达式){
    case 值 1：语句序列 1
    case 值 2：语句序列 2
    ……
    case 值 N：语句序列 N
    default：语句序列 N+1
}
```

说明：

➤ switch 后的表达式必须是一个能得到整型值的表达式。

➤ case 后的值也必须是整型值，case 与值之间必须有空格。

➤ 其执行方式是：计算 switch 后表达式的值，然后顺序地与每一个 case 后的值进行匹配，如果找到相等的值，即是找到了执行的入口，接下来就从该 case 子句的语句序列开始顺次地向下执行，直至遇到 switch 的右括号}为止；如果表达式的值与每一个 case 后的值都不相等，则执行 default 后的语句，直至遇到 switch 的右括号}为止。

➤ 使用 default 的意图是：若 switch 的表达式没有找到匹配的值，即没有满足条件的分支，则执行 default 后的语句，可以给用户一些提示信息。default 子句是可以省略的。

例程 4-5 SwitchDemo1.java，用户输入星期几的整数，程序反馈对应的字符串消息。

```java
package ch04;
import java.util.Scanner;
public class SwitchDemo1 {
    public static void main(String[] args) {
        System.out.println("今天星期几?");
        Scanner scan = new Scanner(System.in);
        int day = scan.nextInt();
        switch (day) {
        case 1:
            System.out.println("今天星期一,是工作日!");
        case 2:
            System.out.println("今天星期二,是工作日!");
```

```java
            case 3:
                System.out.println("今天星期三,是工作日!");
            case 4:
                System.out.println("今天星期四,是工作日!");
            case 5:
                System.out.println("今天星期五,是工作日!");
            case 6:
                System.out.println("今天星期六,是休息日!");
            case 7:
                System.out.println("今天星期天,是休息日!");
            default:
                System.out.println("没有星期" + day + "啊!");
        }
    }
}
```

程序运行的输出为:

```
今天星期几?
1
今天星期一,是工作日!
今天星期二,是工作日!
今天星期三,是工作日!
今天星期四,是工作日!
今天星期五,是工作日!
今天星期六,是休息日!
今天星期天,是休息日!
没有星期1啊!
```

观察输出结果,当用户输入1时,switch 执行流程只是简单地找到了匹配的执行入口之后就不管不顾地顺次执行下去了,并没有将各个条件区别对待,实现只在满足特定条件的时候才执行特定的语句,这一点是与嵌套的 if-else 不一样的。

这样的结果显然不符合我们对程序原本的期望,如果希望 switch 能真正实现多条分支选其一执行,则须配合 break 语句来实现。具体做法是,在每一个 case 子句的语句序列最后添加一条 break 语句。

在 switch 语句中,break 语句的作用是提前终止 switch 语句的执行,那么找到匹配的 case 子句,执行完其语句序列后执行 break 就会终止整个 switch 语句,其后的其他 case 子句或者 default 子句的语句序列就不会被执行到了,从而达到只执行匹配的分支中的语句的目的。

例程 4-6 SwitchDemo2.java,改进例程 4-5 代码。

```java
package ch04;
import java.util.Scanner;
public class SwitchDemo2 {
    public static void main(String[] args) {
        System.out.println("今天星期几?");
```

```java
            Scanner scan = new Scanner(System.in);
            int day = scan.nextInt();
            switch (day) {
            case 1:
                System.out.println("今天星期一,是工作日!");
                break;
            case 2:
                System.out.println("今天星期二,是工作日!");
                break;
            case 3:
                System.out.println("今天星期三,是工作日!");
                break;
            case 4:
                System.out.println("今天星期四,是工作日!");
                break;
            case 5:
                System.out.println("今天星期五,是工作日!");
                break;
            case 6:
                System.out.println("今天星期六,是休息日!");
                break;
            case 7:
                System.out.println("今天星期天,是休息日!");
                break;
            default:
                System.out.println("没有星期" + day + "啊!");
            }
        }
    }
```

程序运行的输出为:

今天星期几?
1
今天星期一,是工作日!

尝试输入不同的值,观察输出结果,体会 switch 结合 break 语句实现多选一的效果。

4.2.3 分支结构实例

例程 4-7 Example4_7.java,输入 3 个整数,由大到小排序后输出。

```java
package ch04;
import java.util.Scanner;
public class Example4_7 {
    public static void main(String[] args) {
```

```java
        System.out.println("请输入 3 个整数:");
        Scanner scan = new Scanner(System.in);
        int a = scan.nextInt();
        int b = scan.nextInt();
        int c = scan.nextInt();
        int temp = 0;
        if (a < b) {
            temp = a;
            a = b;
            b = temp;
        }
        if (a < c) {
            temp = a;
            a = c;
            c = temp;
        }
        if (b < c) {
            temp = b;
            b = c;
            c = temp;
        }
        System.out.println("由大到小排序后的数为:" + a
                + " " + b + " " + c);
    }
}
```

程序运行的输出为:

请输入 3 个整数:
5 3 8
由大到小排序后的数为:8 5 3

例程 4-8 Example4_8.java,输入一个百分制分数,然后判定该分数对应的成绩等级,假设:分数>= 90,等级为 A;分数>= 80 而<90,则为 B;分数>= 70 而<80,则为 C;分数>= 60 而<70,则为 D;分数<60 就为 E。用 switch 语句实现。

```java
package ch04;
import java.util.Scanner;
public class Example4_8 {
    public static void main(String[] args) {
        System.out.println("请输入一个百分制分数:");
        Scanner scan = new Scanner(System.in);
        int score = scan.nextInt();
        String grade = ""; // 等级
        switch (score / 10) {
        case 10:
```

```
            case 9:
                grade = "A";
                break;
            case 8:
                grade= "B";
                break;
            case 7:
                grade = "C";
                break;
            case 6:
                grade = "D";
                break;
            case 5:
            case 4:
            case 3:
            case 2:
            case 1:
            case 0:
                grade = "E";
                break;
        }
        System.out.println("该学生成绩的等级是:" + grade);
    }
}
```

程序运行的输出为：

请输入一个百分制分数：
78
该学生成绩的等级是:C

4.3 循环结构语句

  有些问题可以通过重复执行某些操作来解决，比如说求 $1+2+\cdots+100$ 的值，就可以通过重复地执行加法操作来实现，只不过每一次的加数稍有变化。事实上，计算机在完成很多任务时都是采用这种重复执行的方式来实现的，而且计算机的效率比人工的效率要高得多。
  Java 提供了几种实现重复执行的语句，即循环结构语句，主要有 while 语句、for 语句、do-while 语句，以及它们的嵌套结构。下面来具体分析这几种循环结构的使用。

4.3.1 while 语句

while 语句的语法格式如下：

```
while(循环条件){
    //需要重复执行的语句序列,也叫作循环体
}
```

其中,循环体语句是否被执行取决于循环条件。当循环条件为 true 时,循环体会被执行,循环体执行完毕时会再次判断循环条件,如果循环条件仍然为 true,则会再次执行循环体,直到循环条件为 false 时就不会再执行循环体了,整个循环过程才会结束。

循环条件的值只能是布尔值 true 或者 false,通常是关系表达式或逻辑表达式,分别代表循环条件的成立与不成立。

while 语句的执行流程如图 4-4 所示。

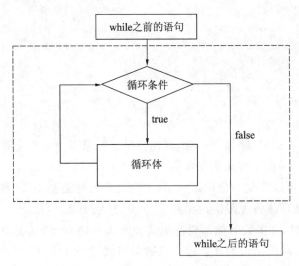

图 4-4 while 语句执行流程图

以求 1+2+…+100 的和值为例,这个求和操作可以分解为——重复地做+操作 99 次:第 1 次是把 2 加到 1 上,第 2 次是把 3 加到之前 1+2 的和值上,第 3 次是把 4 加到 1+2+3 的和值上,以此类推,直到把 100 加到 1+2+…+99 的和值上,就完成了这个求和操作。这个过程叫作累加操作。

根据上述的分析,需要重复执行的操作可以描述为:

前 n 项的和值 = 前 n−1 项的和值 + 第 n 项的值

在这个过程中,n 是不断变化的,从最初的 1(此时,没有前 n−1 项,相当于:第 1 项的和值 = 0 + 第 1 项的值),依次增加 1,直到 n 变为 100 为止。

设 1 个存放前 n 项和值的变量 sum,设 1 个表示第 n 项值的变量 n,则 n 的初始值应为 1,而 sum 的初始值应为 0。利用 while 循环语句实现这个累加求和的语句如下所示:

```
int sum = 0;
int n = 1;
while (n <= 100) {
    sum = sum + n;
    n++;
}
```

完整的程序如例程 4-9 所示。

例程 4-9 WhileDemo.java。

```java
package ch04;
public class WhileDemo {
    public static void main(String[] args) {
        int sum = 0;
        int n = 1;
        while (n <= 100) {
            sum = sum + n;
            n++;
        }
        System.out.println("1+2+3+…+100=" + sum);
    }
}
```

程序运行的输出为：

1+2+3+…+100=5050

尝试一下，把 n++;语句删掉，观察出现何种结果？思考为什么会这样呢？

结果：删掉 n++;后程序将无法正常终止运行。

少了 n++;这条可以改变 n 值的语句后，n 的值就始终是初值 1，那么 n<=100 这个条件就永远为 true 了，循环体将无限次地循环下去，称之为"死循环"。

在使用循环结构时，大多数时候都要避免这种死循环的出现，其要点是：循环条件在某个时刻应该能变为 false，从而结束循环。这一点通常与循环条件中变量（也称其为循环变量）的值有关，循环体中应包含能改变循环变量值的语句，否则的话，若第 1 次循环变量的值使得循环条件为 true，而这个值又一直不变的话，那循环条件就永远为 true，无法结束循环了。

事实上，根据问题的求解过程，每重复做一次加法，n 就应该增加 1，故 n++;这条语句是必须要有的。

使用 while 循环时的注意事项：

➢ 一般在进行循环条件判定之前给循环变量赋初值。

➢ 为避免死循环的出现，循环体中应包含能使循环趋向结束的语句。比如修改循环变量的值，使得某个时刻循环条件为 false 而结束循环。

4.3.2 do-while 语句

while 循环的执行流程是先判定循环条件，循环条件是 true 才执行循环体，如果循环条件一开始就是 false，那么循环体一次也不会被执行。

do-while 则不同，do-while 语句先执行循环体一次，然后判定循环条件是否为 true，以确定是否再一次执行循环体。

do-while 语句的一般格式如下：

```
do{
    //循环体
}while(循环条件);
```

无论循环条件是否为 true,do-while 都会至少执行一次循环体,然后再判定循环条件,当循环条件的值为 true 时,继续执行循环体,若循环条件的值为 false,则结束循环。

do-while 语句的执行流程如图 4-5 所示。

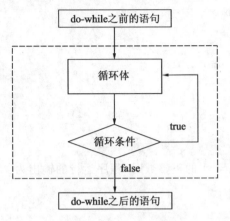

图 4-5 do-while 语句执行流程图

例程 4-10 DoWhileDemo1.java,用 do-while 语句实现求 1＋2＋…＋100 的和值。

```
package ch04;
public class DoWhileDemo1 {
    public static void main(String[] args) {
        int sum = 0;
        int n = 1;
        do {
            sum = sum + n;
            n++;
        } while (n <= 100); // 不要遗忘分号
        System.out.println("1+2+3+…+100=" + sum);
    }
}
```

程序运行的输出为:

1+2+3+…+100=5050

此例循环体中的 n++;语句与 WhileDemo.java 中的 n++;作用一致,是修改循环变量的值,使得当 n 的值变化到超过 100 时循环条件的值成为 false 而结束循环,若无该条语句,则将陷入死循环。

需要注意的是,do-while 最后的 while(循环条件)后必须要带上表示语句结束的分号";",否则编译会报错。

例程 4-11 DoWhileDemo2.java,从键盘输入一个整数 n,计算 1＋2＋…＋n 的和值。

```
package ch04;
import java.util.Scanner;
public class DoWhileDemo2 {
```

```java
public static void main(String[] args) {
    System.out.println("请输入一个整数:");
    Scanner scan = new Scanner(System.in);
    int n = scan.nextInt();
    int sum = 0;
    int i = 1;
    do {
        sum = sum + i;
        i++;
    } while (i <= n);
    System.out.println("1+…+" + n + "=" + sum);
    }
}
```

当输入的整数是大于等于 1 的正整数时,程序运行的输出为:

请输入一个整数:
10
1+…+10=55

而当输入的整数是小于 1 的整数时,比如输入 −2 时,程序运行的输出为:

请输入一个整数:
−2
1+…+−2=1

这显然不符合题意的要求,输入 n 值为 −2 的话,就不应该进行累加操作,sum 的值应该仍然维持为 0 才对,造成这样的结果是由 do-while 语句的执行流程决定的。

不管循环条件为何值,do-while 语句总是会先执行循环体一次,即将 i 的初值 1 加到 sum 上,然后才判断 i≤n 是否为 true,这里 n 值为 −2,i≤n 的值为 false,循环结束。但由于已经执行过一次加法运算,故而得到了 1 累加至 −2 的结果为 1 这种不合理的结果。

修改上述例程代码,将 i 的初值赋为 0,可以解决这个问题,读者可以自行修改并观察输出结果。此例程如果用 while 循环实现,则不会出现这种不合理的情况。

例程 4-12 WhileDemo2.java,从键盘输入一个整数 n,计算 1+2+…+n 的和值。

```java
package ch04;
import java.util.Scanner;
public class WhileDemo2 {
    public static void main(String[] args) {
        System.out.println("请输入一个整数:");
        Scanner scan = new Scanner(System.in);
        int n = scan.nextInt();
        int sum = 0;
        int i = 1;
        while (i <= n) {
            sum = sum + i;
            i++;
        }
        System.out.println("1+……+" + n + "=" + sum);
    }
}
```

当输入的 n<1 时,不会进行累加操作,和值 sum 仍维持为 0。

对于同一个问题,当我们用不同的循环语句来实现的时候,注意在必要的时候进行循环变量初值或循环条件的修改,以便于正确地解决问题。

4.3.3 for 语句

for 语句与 while 语句一样,是先判断循环条件,再确定是否执行循环体,其基本语法结构如下:

```
for(表达式 1; 表达式 2; 表达式 3){
    //循环体
}
```

说明:
- 表达式 2 代表循环条件,应是一个布尔值,根据其值为 true 或为 false 确定是否执行循环体语句。
- 表达式 1 通常用于给循环变量赋初值,这部分只会执行一次。
- 表达式 3 通常用于修改循环变量的值,使得最终表达式 2 代表的循环条件可能成为 false,从而结束循环。
- 表达式 3 在每次循环体执行完毕之后都会执行一次。

for 语句的执行流程如图 4-6 所示。

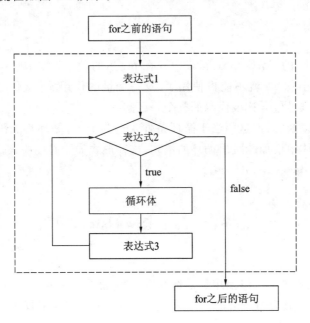

图 4-6　for 语句执行流程图

观察图 4-6,结合 while 循环的一般使用方法可以发现:for 语句的表达式 1 类似于 while 进行循环条件判定之前的循环变量赋初值语句;表达式 2 类似于 while 语句的循环条件;表达式 3 类似于 while 循环体中修改循环变量值的语句。可以说,for 循环语句是可以替代 while 循环语句的。

例程 4-13 ForDemo1.java，用 for 语句实现求 $1+2+\cdots+100$ 的和值。

```java
package ch04;
public class ForDemo1 {
    public static void main(String[] args) {
        int sum = 0;
        for (int i = 1; i <= 100; i++) {
            sum = sum + i;
        }
        System.out.println("1+2+3+…+100=" + sum);
    }
}
```

一般情况下，for 语句将循环所需要的控制：循环变量赋初值，循环条件和循环变量值的改变，都放在了 for 之后的()中统一表示，显得更加直观。事实上，for 语句的使用是非常灵活的，3 个表达式全部都可以缺省，但是要根据实际情况确定是否缺省某个表达式。

需要说明的是，无论缺省哪个表达式，或是表达式全部缺省，其中分隔 3 个表达式的分号";"一个都不能少。

(1) 表达式 1 可以缺省，则循环变量赋初值应放到 for 语句之前进行，如下所示：

```java
int sum=0;
int i=1;
for( ; i<=100; i++){
    sum +=i;
}
```

注意，在例程 4-13 的 ForDemo1.java 中，i 在 for 后的()中定义，则 i 只在 for 语句内部可以使用，离开 for 语句的{}，i 就不能再使用了，这是变量的作用域问题。这里的 i 在 for 语句的外部定义，其作用域是包含这段代码的整个{}区间。

(2) 表达式 2 可以缺省，但这相当于循环条件永远为 true，循环将无限次地运行下去。改进的办法是，在循环体中增加能跳出循环的语句，这种形式如非必要应该慎用。例如：

```java
for(int i=1,sum= 0; ; i++){
    sum +=i;
    if(i>100){
        break;//当 i>100 时利用 break 语句终止循环
    }
}
```

表达式 1 和表达式 3 都可以使用逗号运算符","分隔多个要执行的语句序列，这里分隔了 i 和 sum 的定义及赋初值语句。由逗号分隔符分隔的多条语句将根据语句出现的先后顺序顺次执行。

这里的变量 i 和 sum 都是在 for 语句的()中定义的，它们的作用域都仅限于此 for 语句，for 语句外部不可访问它们。

break 语句可以提前终止循环的执行，详细内容可参见 4.4 节跳转控制语句。

(3) 表达式 3 可以缺省，则循环变量值的改变需要放至循环体中进行，如下所示：

```
int sum=0;
for(int i=1; i<=100 ; ){
    sum += i;
    i++;
}
```

(4)3个表达式全部可以缺省,如下所示:

```
int sum=0;
int i=1;
for(; ;){
    sum += i;
    i++;
    if(i>100){
        break;
    }
}
```

这种形式是不推荐使用的。

while 循环、do-while 循环和 for 循环有时候可以相互转换,一般而言,在知道循环次数的情况下,我们选择 for 循环实现比较方便,在无法知道循环次数的情况下,会使用 while 循环或 do-while 循环。

4.3.4 循环的嵌套

一个循环体内部又包含另一个完整的循环结构,就称为循环的嵌套。内嵌的循环中还可以再嵌入循环结构,这样就可以形成多层循环。

3 种循环语句 while 语句、do-while 语句和 for 语句之间可以互相嵌套。例如以下几种形式都是合法的循环嵌套:

```
(1)while( ){
        while(){
            ……
        }
    }
(2)for( ; ; ){
        for( ; ; ){
            ……
        }
    }
(3)do{
        do{
            ……
        }while( );
    }while( );
```

(4) while( ){
    for(; ;){
        ……
    }
}
(5) for(; ;){
    while(){
        ……
    }
}

嵌套形式多样，应根据具体问题来选取合适的结构。

看一个循环嵌套的例子，假设有一个 4 位数，分别用 A、B、C、D 代表各个数位上的数字，要求找出所有能满足如下等式的 4 位数：AC+BD=DA。

为解决这个问题，需要对各数位(除 A 外)上的数字都从 0 至 9 遍历一遍(A 应从 1 至 9 遍历)，找出所有的 4 位数组合，再判断该组合情况下是否满足上述的等式，若满足，则由这个组合的 4 个数字构成的 4 位数就是解之一。

例程 4-14　NestedLoopDemo.java，找出所有能满足如下等式的 4 位数：AC+BD=DA。

```java
package ch04;
public class NestedLoopDemo {
    public static void main(String[] args) {
        int a, b, c, d;
        String output = "满足 AC+BD=DA 条件的 4 位数有:\n";
        for (a = 1; a < 10; a++) {
            for (b = 0; b < 10; b++) {
                for (c = 0; c < 10; c++) {
                    for (d = 0; d < 10; d++) {
                        if ((a * 10 + c) + (b * 10 + d) == d * 10 + a) {
                            output += a + "" + "" + b + "" + c + "" + d
                                + ":" + a + c + "+ " + b + d + " = "
                                + d + a+ "\n";
                        } // end of if
                    } // end of 第 4 层循环
                } // end of 第 3 层循环
            } // end of 第 2 层循环
        } // end of 最外层循环
        System.out.println(output);
    }
}
```

程序运行的输出较长，这里列出部分输出结果：

满足 AC+BD=DA 条件的 4 位数有：
1001:10+01 = 11
1092:19+02 = 21
1183:18+13 = 31
1274:17+24 = 41
1365:16+35 = 51
1456:15+46 = 61

嵌套的循环结构，在编码时注意代码的层层缩进，这样可以提高代码的可读性，便于查错，读者应养成良好的编码习惯。

4.3.5 循环结构实例

例程 4-15 Example4_15.java，求 $1!+2!+\cdots+20!$ 的和值。

```java
package ch04;
public class Example4_15 {
    public static void main(String[] args) {
        int i;
        long f = 0; // 阶乘的和值
        long tn = 1; // 某一项阶乘
        for (i = 1; i <= 20; i++) {
            tn *= i;
            f += tn;
        }
        System.out.println("1!+2!+...+20!= " + f);
    }
}
```

例程 4-16 Example4_16.java，用 $\pi/4 \approx 1-1/3+1/5-1/7+\cdots$ 公式求 π 的近似值，直到某一项的绝对值小于 10^{-6} 为止。

```java
package ch04;
public class Example4_16 {
    public static void main(String[] args) {
        double pi = 0;
        int fz = 1; // 分子
        double fm = 1.0; // 分母
        double tn = 1.0; // 某一项
        while (Math.abs(tn) >1E-6) {
            pi += tn;
            fm += 2;
            fz = -fz;
            tn = fz / fm;
        }
        pi *= 4;
```

```
            System.out.println("计算所得 PI 的值为:" + pi);
        }
    }
```

例程 4-17　Example4_17.java，百钱买百鸡问题：现有 100 钱，要买 100 只鸡，已知母鸡 5 钱 1 只，公鸡 3 钱 1 只，小鸡 1 钱 3 只，要求找出用 100 钱买 100 只鸡的方案。

```
package ch04;
public class Example4_17 {
    public static void main(String[] args) {
        int hen;
        int cock;
        int chicken;
        String output = "可能的买鸡方案有如下几种:\n";
        for (hen = 1; hen < 20; hen++)
            for (cock = 1; cock < 33; cock++) {
                chicken = 100 - hen - cock;
                if ((hen * 5 + cock * 3 + chicken / 3) == 100
                        && chicken % 3 == 0) {
                    output += "hen : " + hen + "  cock : " + cock
                            + " chicken : " + chicken + "\n";
                }
            }
        System.out.println(output);
    }
}
```

例程 4-18　Example4_18.java，打印如下所示的九九乘法表：

1×1=1　1×2=2　1×3=3　1×4=4　1×5=5　1×6=6　1×7=7　1×8=8　1×9=9
2×2=4　2×3=6　2×4=8　2×5=10　2×6=12　2×7=14　2×8=16　2×9=18
3×3=9　3×4=12　3×5=15　3×6=18　3×7=21　3×8=24　3×9=27
4×4=16　4×5=20　4×6=24　4×7=28　4×8=32　4×9=36
5×5=25　5×6=30　5×7=35　5×8=40　5×9=45
6×6=36　6×7=42　6×8=48　6×9=54
7×7=49　7×8=56　7×9=63
8×8=64　8×9=72
9×9=81

```
package ch04;
public class Example4_18 {
    public static void main(String[] args) {
        for (int i = 1; i <= 9; i++) {
            for (int j = i; j <= 9; j++) {
                System.out.print(i + "x" + j + "=" + i * j + "\t");
            }
            System.out.println();
        }
    }
}
```

4.4 跳转控制语句

分支结构语句、循环结构语句都有自己的执行流程，但是有的时候在特定条件出现的时候，可能会希望能将现有的执行流程改变，而跳转到其他地方继续执行。比如，之前在 switch 语句示例中使用的 break 语句，可以跳出 switch 结构，转去继续执行 switch 之后的语句。

Java 提供了一些可以控制执行流程转向的跳转控制语句，如 break 语句、continue 语句、return 语句以及 System.exit()。其中，return 语句用在方法体中，会结束方法的执行而返回到方法调用的地方继续执行。System.exit()语句用在程序中，程序将执行结束。

4.4.1 break 语句

break 语句主要用在循环语句和分支语句 switch 中。

break 语句常用格式如下：

```
break;
```

在 switch 语句中，若遇到 break 语句，则终止该 switch 语句的执行，转去执行 switch 语句之后的语句。switch 经常结合 break 来实现多分支选其一执行，避免找到匹配的执行入口后将后续的语句全部执行了。

例如，利用 switch 结合 break 实现，根据用户给定的年、月信息，输出当月有多少天。尤其是对于 2 月，要根据年份是否是闰年做相应的输出。

例程 4-19 BreakDemo1.java。

```java
package ch04;
import java.util.Scanner;
public class BreakDemo1 {
    public static void main(String[] args) {
        Scanner scan = new Scanner(System.in);
        System.out.println("请输入一个年份:");
        int year = scan.nextInt();
        System.out.println("请输入一个月份:");
        int month = scan.nextInt();
        int days = 0;
        switch (month) {
        case 1:
        case 3:
        case 5:
        case 7:
        case 8:
        case 10:
        case 12:
            days = 31;
```

```
            break;
        case 4:
        case 6:
        case 9:
        case 11:
            days = 30;
            break;
        case 2:
            if (year % 4 == 0 && year % 100 != 0 || year % 400 == 0) {
                days = 29;
            } else {
                days = 28;
            }
            break;
        }
        System.out.println(year+"年"+month+"月有"+days+"天!");
    }
}
```

程序运行的输出为：

请输入一个年份：
2016
请输入一个月份：
2
2016年2月有29天!

break 语句除了用在 switch 结构中外，还可以用于循环结构，其作用是终止 break 语句所在的该层循环的执行，转至该循环语句之后的语句继续执行。

例如，求半径为 1~10 的圆的面积，当面积超过 100 时停止求解。可以利用循环分别求半径为 1~10 时的圆面积，在循环体中判定当前面积值是否超过了 100，如果是，就利用 break 语句终止循环的执行即可。

例程 4-20 BreakDemo2.java。

```
package ch04;
public class BreakDemo2 {
    public static void main(String[] args) {
        double area = 0;
        int radius;
        for (radius = 1; radius <= 10; radius++) {
            area = Math.PI * radius * radius;
            if (area >100) {
                break;
            }
            System.out.println("radius=" + radius + "  area=" + area);
        }
```

```
        }
    }
```
程序运行的输出为：
```
radius=1    area=3.141592653589793
radius=2    area=12.566370614359172
radius=3    area=28.274333882308138
radius=4    area=50.26548245743669
radius=5    area=78.53981633974483
```

例程 4-21 BreakDemo3.java，输出 1~10 的数值，循环条件永远为 true，在循环体中用 break 语句结束循环。

```java
package ch04;
public class BreakDemo3 {
    public static void main(String[] args) {
        int i = 0;
        while (true) {
            i++;
            System.out.print(i + " ");
            if (i >= 10) {
                break;
            }
        }
    }
}
```

注意，当 break 语句用在多层循环中时，break;只能结束其所在层的循环，而不能结束其外层的循环。

4.4.2 continue 语句

与 break 语句不同的是，continue 语句只能用在循环结构中。continue 语句用于结束本轮次循环体的执行，遇到 continue 语句时会跳过 continue 语句之后循环体中剩下的尚未执行的语句，接着进行循环条件的判定，以决定是否继续执行循环体。对于 for 语句，在判定循环条件（表达式 2）之前要先执行表达式 3。

continue 语句常用格式如下：
```
continue;
```

例程 4-22 ContinueDemo.java，找出 200~300 之间所有能被 7 整除的数并输出，可以利用循环语句结合 continue 语句实现。

```java
package ch04;
public class ContinueDemo {
    public static void main(String[] args) {
        int n = 200;
        System.out.println("200~300 之间能被 7 整除的数有:");
        for (; n <= 300; n++) {
            if (n % 7 != 0) {
```

```
                    continue;
                }
                System.out.print(n + " ");
            }
        }
    }
```

程序运行的输出为：

200~300 之间能被 7 整除的数有：
203 210 217 224 231 238 245 252 259 266 273 280 287 294

当 n 不能被 7 整除时,利用 continue 语句结束本次循环,即跳过 System. out. print(n ＋" ");语句,不输出 n 的值,否则当 n 能被 7 整除时,这条输出语句不会被跳过,会被输出。

要点提醒：
◇程序的流程控制结构共三种:顺序结构、选择结构(或叫分支结构)和循环结构。
◇Java 使用 if-else 语句实现基本的二选一分支结构,使用嵌套的 if-else 和 switch 语句可以实现多分支结构。
◇Java 使用 for 语句、while 语句和 do-while 语句来实现循环结构,其中 for 语句的使用最为灵活。
◇break 语句可以从 switch 结构中跳出,或是终止循环的执行,continue 可以终止本次循环体的执行,转去执行下一轮循环的判定。

实训任务

[**实训 4-1**]编写程序,输入 3 个正整数,判断这 3 个数作为边长能否构成一个三角形,然后输出相应的结果。

[**实训 4-2**]编写程序,找出 100 以内的所有素数。

[**实训 4-3**]编程找出所有的"水仙花数",水仙花数是一个三位数,它的各位数字的立方和与该数相等,如:$1^3＋5^3＋3^3＝153$。

[**实训 4-4**]一个数如果恰好等于它的因子之和,这个数称为"完数",编程找出 1000 以内的所有完数。

项目 5　方法与数组

本章目标

◆ 方法的定义、调用与返回
◆ 数组的定义与使用

5.1　方　　法

5.1.1　方法的定义

在 Java 中,方法是类的组成部分之一,方法的定义必须位于类体之中。

目前讨论的程序都是只包含 main()方法的类,main()方法是 Java 程序的执行入口,如果有需要,类中可以自定义方法,实现一定的功能,帮助整个程序功能的实现,定义方法也可以解决代码重复编写的问题。

假设有一程序,需求若干学生的课程平均分,每个学生有 3 门课程,每个学生都要重复地编写求 3 门课程平均分的代码,这样就会产生重复的、冗余的代码。为解决类似这样的代码重复编写问题,可以将实现求 3 门课程平均分的代码提取出来,放在一对{}中,并为这段代码取个能体现其功能的名字,这样凡是需要求 3 门课程平均分的功能时,通过这个名字来调用对应的代码即可。

例程 5-1　AvgDemo1.java,不定义方法时计算三个学生的课程平均分。

```
package ch05;
public class AvgDemo1 {
    public static void main(String[] args) {
        int s1 = 68;
        int s2 = 70;
        int s3 = 93; // s1~s3 分别表示 3 门课程分数
        int sum = 0; // 课程总分
        double avg = 0; // 平均分

        sum = s1 + s2 + s3;
        avg = sum / 3.0;
        System.out.println("学生 1 的平均分:" + avg);
```

```
        s1 = 76;
        s2 = 84;
        s3 = 80;
        sum = s1 + s2 + s3;
        avg = sum / 3.0;
        System.out.println("学生 2 的平均分:" + avg);

        s1 = 58;
        s2 = 76;
        s3 = 82;
        sum = s1 + s2 + s3;
        avg = sum / 3.0;
        System.out.println("学生 3 的平均分:" + avg);
    }
}
```

程序运行的输出为:

　　学生 1 的平均分:77.0
　　学生 2 的平均分:80.0
　　学生 3 的平均分:72.0

观察上述例程可发现,每个学生求 3 门课程的平均分的代码是重复的,是在执行同样的代码,此时,就可以将这些重复的代码提取出来,定义成专门的方法,实现求 3 门课程的平均分这个功能,在程序中需要此功能的时候,通过方法的名字调用这些代码就可以了。改写后的例程 5-2 如下。

例程 5-2　AvgDemo2.java,定义名为 avgScore 的方法,实现计算 3 门课程的平均分,程序实现计算三个学生的课程平均分。

```
package ch05;
public class AvgDemo2 {
    public static void main(String[] args) {
        int s1 = 68;
        int s2 = 70;
        int s3 = 93; // s1~s3 分别表示 3 门课程分数
        int sum = 0; // 课程总分
        double avg = 0; // 平均分

        avg=avgScore(s1, s2, s3); // 调用 avgScore()方法
        System.out.println("学生 1 的平均分:" + avg);

        s1 = 76;
        s2 = 84;
        s3 = 80;
        avg=avgScore(s1, s2, s3); // 调用 avgScore()方法
```

```
                System.out.println("学生 2 的平均分:" + avg);
                s1 = 58;
                s2 = 76;
                s3 = 82;
                avg=avgScore(s1, s2, s3); // 调用 avgScore()方法
                System.out.println("学生 3 的平均分:" + avg);
        }

        // 定义实现求 3 门课程平均分的方法
        public static double avgScore(int s1, int s2, int s3) {
                int sum = 0;
                double avg = 0;
                sum = s1 + s2 + s3;
                avg = sum / 3.0;
                return avg;
        }
}
```

程序运行的结果与例程 5-1 相同。

此例程定义了名为 avgScore 的方法,方法名后的()中 s1、s2、s3 表示方法需要的参数,即 3 门课程的分数,{}内是方法体,包含实现方法功能需要执行的语句,其中最后一条语句 return avg;表示方法会返回 avg 的值到被调用处,即调用这个方法就会得到平均分的结果。

Java 中,声明一个方法,即进行方法定义的一般语法格式为:

```
[修饰符]   返回值类型   方法名([参数类型 参数名1,参数类型 参数名2,...]){
        //方法体语句
        [return 返回值;]
}
```

方法定义格式的具体说明:

◇左括号{之前的部分为方法头,主要包括返回值类型、方法名和参数列表。方括号[]括起来的部分是可以缺省的。

◇修饰符,方法的修饰符有多种,对访问权限进行限定的,如 public、静态修饰符 static、抽象修饰符 abstract 等,这些修饰符后续章节会逐步介绍。目前访问控制符暂用 public,使用静态修饰符 static 使得在 main()方法中可以直接调用方法,而不必先创建类的对象。

◇返回值类型,用于限定该方法执行完毕后返回的值(return 语句所带的值)所属的类型,可以是基本数据类型,也可以是对象类型。但如果方法只是完成一定的操作而没有返回任何的值,则返回值类型应该声明为 void。

◇方法名,必须是合法的标识符,应按照 Java 的命名规范进行命名,最好能做到见名知意。

◇参数列表,代表的是使用这个方法实现功能时需要传递给方法的若干数据,可以是 0 个,也可以是多个,各个参数之间要用逗号","分隔,每个参数都必须带所属类型的声明。如果方法不需要接收任何参数,则参数列表可以为空,即方法名后的()内不写任何内容,但()必须

要有。

◇return 语句,用于结束方法,如果方法有返回值,则使用 return 将返回值带回给方法的调用者。如果方法的返回值类型是 void,return 语句不可带值返回,也可省略 return 语句。

◇返回值,如果方法执行完后会带回一个值,这个值就叫作返回值,用 return 带回给方法的调用者。

◇{}之间是方法体,包含若干的可执行语句,用于实现方法的功能。

◇方法定义时的可缺省部分这里并未列出,后面的章节将讨论到其他部分。

以下就是一个合法的方法声明:

```
public static int add(int a,int b){
    int sum=0;
    sum = a+b;
    return sum;
}
```

这个方法的方法名是 add,它是一个 public 的方法,可访问权限最大,它是一个 static 静态方法,使得此方法在同样是 static 静态的 main()方法中可以直接被调用。方法需要两个 int 型的参数,方法实现的功能是求出这两个 int 型参数的和,这个和值就是 add 方法的返回值。

当需要求两个 int 型数据的和这样的功能时,就可以调用此 add()方法,提供两个实际的加数分别传递给形式参数 a 和 b,return sum;语句实现将计算得到的和值返回给调用此方法的调用者,比如 main()方法。

例程 5-3 AddDemo.java。定义实现两个 int 型数据加法功能的 add()方法,在 main()方法中调用这个 add()方法帮助实现求两个整数的和,并显示结果。

```java
package ch05;
import java.util.Scanner;
public class AddDemo {
    public static void main(String[] args) {
        System.out.println("请输入 2 个 int 型数据:");
        Scanner scan = new Scanner(System.in);
        int n1 = scan.nextInt();
        int n2 = scan.nextInt();
        int sum = add(n1, n2);
        System.out.println(n1 + "+ " + n2 + "=" + sum);
    }

    //定义实现加法运算的方法 add,接收 2 个 int 型的参数,并返回这 2 个数的和值
    public static int add(int a, int b) {
        int sum = 0;
        sum = a + b;
        return sum;
    }
}
```

程序运行的输出为:

```
请输入2个int型数据:
3
12
3+12=15
```

程序运行时,用户输入的两个整型数3和12分别被赋给了main()方法中的变量n1和n2,add(n1, n2)表示调用add()方法,n1和n2作为实际参数分别将值传递给了add()方法中对应的形式参数a和b,然后开始执行add()方法的方法体,方法最后使用return sum;语句将计算出的和值返回到被调用处,换句话说,add(n1, n2)的结果就是add()方法内sum的值。从add()方法返回到main()方法后继续执行,add(n1, n2)的结果被赋给了main()方法中定义的变量sum,最终使用System.out.println()输出运算结果。

5.1.2 方法的调用

方法的定义描述了方法能实现的功能,但真正要使用方法的功能,需要通过方法的调用来实现。比如例程5-3AddDemo.java中的add(n1, n2),表示要使用add()方法的功能来求n1和n2的和,再比如程序中经常使用的System.out.println(字符串),是调用了System类中的成员out对象的println()方法,实现将参数字符串输出到控制台显示出来。

在发生方法调用时,程序的执行流程将转去执行被调用方法的方法体。

在面向对象的程序中,方法的调用格式主要有:

类名.方法名(实际参数列表):当方法声明为静态方法(方法头中包含static关键字)时,主要使用此格式。

对象名.方法名(实际参数列表):当方法声明为动态方法(方法头中无static关键字)时,使用此格式。

在项目6类与对象中将具体讨论这两种调用格式。

目前讨论的程序都是只包含main()方法的类,main()方法是static的,自定义方法也定义成static的话,在main()方法中可以通过方法名直接调用方法,不需使用前缀。如例程5-2和例程5-3都是这样直接调用的。

方法定义时,方法名后()中的参数称为形式参数,代表该方法在执行时需要哪些数据。如例程5-3,加法功能需要两个加数,故add()方法定义时,用形式参数int a,int b指明了需要的两个数据,那么调用该方法时,就应给出实际要做加法运算的数据,如例程5-3中add(n1, n2)中的n1和n2,它们就是实际参数。

在调用方法时,应注意如下几点:

◇实际参数应与形式参数的个数、类型、顺序保持一致。

◇实际参数的值将对应地传给形式参数。

◇若方法定义时未定义任何形式参数,则调用方法时参数列表留空,但()一定不能省。

◇若方法定义时的返回值类型非void,则方法调用就相当于得到同类型的一个值(有返回值的方法需用return返回一个同类型的值),这种方法调用就可以出现在赋值运算符"="的右边,如例程5-3中的int sum = add(n1, n2);。

◇若方法定义时的返回值类型为void,则方法调用一定不能出现在赋值运算符"="的右边。

例程 5-4 Arithmetic.java，定义方法实现两个整数的四则运算。

```java
package ch05;
import java.util.Scanner;
public class Arithmetic {
    // 加法
    public static int add(int a, int b) {
        int sum = 0;
        sum = a + b;
        return sum;
    }
    // 减法
    public static int sub(int a, int b) {
        int result = 0;
        result = a - b;
        return result;
    }
    // 乘法
    public static int mul(int a, int b) {
        int result = 0;
        result = a * b;
        return result;
    }
    // 除法
    public static double div(int a, int b) {
        double result = 0;
        result = a * 1.0 / b;
        return result;
    }
    public static void main(String[] args) {
        System.out.println("请输入 2 个整数:");
        Scanner scan = new Scanner(System.in);
        int a = scan.nextInt();
        int b = scan.nextInt();
        // 用户输入的 a 和 b 进行四则运算,并输出结果
        System.out.println(a + " + " + b + " = " + add(a, b));
        System.out.println(a + " - " + b + " = " + sub(a, b));
        System.out.println(a + " * " + b + " = " + mul(a, b));
        System.out.println(a + " / " + b + " = " + div(a, b));
    }
}
```

程序运行的输出为:

请输入2个整数：
11
3
11 + 3 = 14
11 - 3 = 8
11 * 3 = 33
11 / 3 = 3.6666666666666665

注意：

实现除法功能的方法div()，为提高运算精确度，将返回类型定义为double类型，方法体中保存除法运算结果result变量也为double类型。由于参与运算的参数都为int型，两个int型的数做/运算的结果是int型的商，故对于其中一个除数a进行a*1.0的运算，将其转化为double型的值，则/运算自动转化为double类型的/运算，将会得到更精确的结果。

main()方法是加、减、乘、除方法的调用者，main()方法中定义的变量a和b是调用方法时的实际参数，发生方法调用时，实际参数的值会传递给形式参数，对于基本数据类型的参数，参数传递是将实际参数的值复制给形式参数，如图5-1所示。

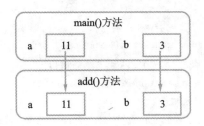

图5-1 参数传递

如果方法的参数是引用数据类型（对象类型），参数传递就不是简单地复制了，实际参数传递给形式参数的是对象的引用地址。

这里定义的加、减、乘、除方法都有返回值，方法调用就相当于是一个值，可以在System.out.println(字符串)方法中利用串连接符"+"与其他字符串连接起来输出到控制台。

如果将一个方法调用作为另一个方法调用时的实际参数，就形成了方法的嵌套调用。

如果有形如funa(funb(func(参数),其他参数),其他参数)的多层嵌套调用，执行时将从处于最内层的方法调用开始，依次返回到上一层方法调用，即最先执行func()方法，从func()返回后，将返回值传给funb()方法的形参开始执行funb()，从funb()返回后再将其返回值传给funa()的形参，开始执行funa()。

5.1.3 方法的返回

发生方法调用时会转去执行被调用方法的方法体，方法体执行完毕从方法返回，表示方法调用结束，将返回到被调用处，如果有返回值，值将返回给调用者。

一般情况下，方法体执行完毕遇到方法体的 } 就从方法返回，但也有不同的情况，比如提前遇到return语句。

一旦方法体中有 return 语句被执行,就表示要从方法返回了,将终止方法的执行,即使 return 之后还有其他语句未被执行。

return 语句的格式如下:

> return [表达式];

return 后的表达式是可以缺省的,是否缺省视方法是否返回值而定。如果方法定义时声明了非 void 的返回值类型,就必须使用 return 表达式返回一个类型兼容的值。如果方法的返回值类型被声明为 void,则方法不能带回值。

例程 5-5　ReturnDemo1.java,定义方法,求一个整数的绝对值。

```
package ch05;
import java.util.Scanner;
public class ReturnDemo1 {
    // 求 x 的绝对值
    public static int absolute(int x) {
        if (x < 0) {
            return -x;
        }
        return x;
    }
    public static void main(String[] args) {
        System.out.println("请输入一个整数:");
        Scanner scan = new Scanner(System.in);
        int a = scan.nextInt();
        System.out.println(a + "的绝对值为:" + absolute(a));
    }
}
```

程序运行的输出为:

> 请输入一个整数:
> -5
> -5的绝对值为:5

程序运行时,若用户输入负数如-5,调用 absolute()方法将实际参数 a 的值传递给形式参数 x,满足 x < 0 条件,将进入 if 分支执行,return -x;语句被执行,方法将提前返回,之后的 return x;不会被执行。如果用户输入的是正数或 0,则不会进入 if 分支,return x;语句将被执行而从方法返回。

例程 5-6　ReturnDemo2.java,定义方法,实现两个 int 型数据的除法运算,若除数为 0 不进行运算,除数非 0 才进行运算。

```
package ch05;
import java.util.Scanner;
public class ReturnDemo2 {
    public static void div(int a, int b) {
        double result = 0;
```

```
            if (b == 0) {
                System.out.println("出错:除数为 0!");
                return;
            }
            result = a *1.0 / b;
            System.out.println(a +"/" + b + " = " + result);
        }
        public static void main(String[] args) {
            System.out.println("请输入 2 个整数:");
            Scanner scan = new Scanner(System.in);
            int a = scan.nextInt();
            int b = scan.nextInt();
            div(a, b);
        }
    }
```

这里的 div()方法返回值类型声明为 void,表示 div()方法不返回值给调用者,return 后不带表达式,直接分号结束语句即可。

程序运行的输出为:

请输入 2 个整数:
10
0
出错:除数为 0!

当用户输入的第 2 个数为 0 时,实际参数传递给形式参数后即除数为 0,将执行 if(b == 0)分支,提前遇 return 语句而返回。

另一轮运行的输出:

请输入 2 个整数:
10
2
10/2 = 5.0

当用户输入的第 2 个数非 0 时,除数非 0,if(b == 0)分支不被执行,div()方法将执行至方法体结束而返回。

方法返回的补充说明:方法声明了非 void 的返回值类型时,return 后带的返回值的类型必须与声明的返回值类型相同或相兼容(能够隐式或显式地转换为声明的类型)。比如声明方法的返回值类型为 double 型,则 return 后带的返回值可以是 double 型的,也可以是 int、byte、short、long、float 等类型的。

5.2 数　　组

程序在解决一些问题时,常常需要存储大量的数据,比如程序要实现读取一个班 50 个学生的成绩分数,计算班级平均分,要找出高于平均分的有多少个。为了完成这个任务,必须将全部 50 个分数存储到变量中,求出它们的和值再计算平均值,然后将每个分数与平均分进行比较,判定它是否大于平均分。声明 50 个变量就要重复书写 50 次几乎完全相同的代码,这样编写程序的方式是不太现实的,怎么解决这个问题呢? 这需要一种高效的、有条理的方法来存储和处理多个数据,Java 和许多高级程序设计语言都提供了称作数组(array)的数据结构来解决这样的问题。

数组是用来存储相同类型数据的集合。数组提供了一种把相关数据集合在一起的便利方法,应用很广泛。数组中的每个数据称为数组的元素,数组中的元素可以是任意类型的,既可以是基本数据类型,也可以是引用类型。Java 把数组作为对象来实现,用 new 关键字创建数组,开辟其存储空间,数组名是一个引用变量。

本章主要讨论基本数据类型的数组。

5.2.1 基本数据类型的一维数组

1. 声明数组变量

要在程序中使用数组必须先进行数组变量的声明,数组变量的声明包括指明数组的名称、维数和数组元素的类型。声明数组变量的语法形式如下:

```
元素类型[]  数组变量名;
```

元素类型可以是任意类型,数组中的所有元素都是属于这种类型的。[]的数量代表了数组的维度,只有一个[]表示是一维数组。

```
int[] scores;
```

声明了名字为 scores 的一维数组变量,数组中的所有元素都是 int 型的数据。

```
double[]arr;
```

声明了名字为 arr 的一维数组变量,数组中的所有元素都是 double 型的数据。

```
int scores[];      // 这种写法合法,但不推荐
```

2. 创建数组

基本数据类型变量声明时就为变量分配相应的内存空间来存储其值。比如: int a;声明 int 型变量 a,会为变量 a 开辟 32bit 的内存空间用于存储值。

数组则不同,数组是引用类型的变量。声明数组变量时并不会在内存中给数组分配存储其元素值的空间,它只是分配一个存储数组的引用地址(数组所有元素占用的内存空间的首地址)的空间。

创建数组才会为数组的所有元素分配内存空间,这个空间的首地址赋给数组变量,才能使得通过数组变量名引用数组。Java 使用 new 关键字创建数组,为数组分配存储元素的空间。创建数组的语法形式如下:

```
数组变量名 = new 元素类型[数组长度];
```

例如:

```
int[] scores;           //声明数组变量
scores = new int[10];   //创建数组
```

scores = new int[10];语句实现了创建数组,开辟了可以存储 10 个 int 型元素值的存储空间,并将这个空间的引用地址(首地址)赋给了数组变量 scores,内存状态如图 5-2 所示。

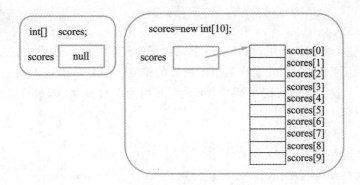

图 5-2 声明及创建数组 scores

创建数组时需要知道应分配多少存储空间,因此必须指明数组的长度,即数组能存储的元素的个数,创建数组之后不能再修改它的长度。数组在创建之后,每个元素会自动赋予其数据类型的默认值,数据类型将赋予默认初值 0,boolean 类型将赋予默认初值 false,char 类型将赋予默认初值 '\u0000'。此处 scores 数组的 10 个 int 型元素的初值为 0。

声明和创建数组的语句可以合并为如下一条语句:

  int[] scores = new int[10];

Java 中数组是一个对象,有自己的成员变量和成员方法,其中一个重要的成员变量 length 代表了数组的长度,这个成员变量的引用格式是:数组名.length。

例程 5-7 ArrayDemo1.java,输出数组长度。

```
package ch05;
public class ArrayDemo1 {
    public static void main(String[] args) {
        int[] scores = new int[10];   //声明并创建数组
        System.out.println("数组长度:" + scores.length);
    }
}
```

程序运行的输出为:

  数组长度:10

3. 数组初始化及元素的引用

数组在创建之后,每个元素会自动赋予其数据类型的默认值,如数值类型将赋 0 值,boolean 类型将赋 false 等。如果需要,可以对数组进行显式的初始化,在创建数组的时候就给数组的每个元素赋值。要点是,将所有的初始值用{}括起来,每个值之间用逗号","隔开。例如:

```
int[]arr = new int[]{1,2,3};
char[]chs = new char[]{'H','E','L','L','O'};
```

注意,这里省略了数组的长度,如果数组创建时直接进行了初始化操作,那么数组的长度将根据给定的初始值的个数来确定,不能另行指定数组的长度。这里 arr 数组和 chs 数组的长度就分别是 3 和 5 了。

上述初始化代码还可以简化为:

```
int[]arr = {1,2,3};
char[]chs = {'H','E','L','L','O'};
```

数组名代表整个数组的引用,数组中每个元素又如何引用呢?数组中的每个元素都有一个索引,或者称为下标,代表了元素在数组中所处的位置。与自然语言不同的是:数组中第一个元素的索引为0(这一点要切记),第二个元素的索引为1,依此类推,最后一个元素的索引为数组长度一1。

数组元素的访问格式如下:

数组名[元素的索引(下标)]

图5-2所示的scores数组的10元素就分别是scores[0]~scores[9]。

注意,索引值不能越界,如果数组长度为N,那么索引值的范围就是0~N-1。

例程5-8 ArrayDemo2.java,用数组存3个学生成绩并输出。

```java
package ch05;
public class ArrayDemo2 {
    public static void main(String[ ] args) {
        int[ ] scores = new int[3];
        scores[0] = 60;
        scores[1] = 70;
        scores[2] = 90;
        System.out.println("第1个学生的成绩为:" + scores[0]);
        System.out.println("第2个学生的成绩为:" + scores[1]);
        System.out.println("第3个学生的成绩为:" + scores[2]);
    }
}
```

程序运行的输出为:

第1个学生的成绩为:60
第2个学生的成绩为:70
第3个学生的成绩为:90

将最后一条语句中的scores[2]修改为scores[3],再执行程序,观察运行结果。

第1个学生的成绩为:60
第2个学生的成绩为:70
Exception in thread "main"java.lang.ArrayIndexOutOfBoundsException: 3
        at ch05.ArrayDemo2.main(ArrayDemo 2.java:10)

运行时产生了名为ArrayIndexOutOfBoundsException的异常,意为数组索引越界了,在程序中操作数组时应注意避免这类问题出现。

5.2.2 数组与for循环的结合运用

数组元素的索引很有规律,从0变化至数组长度-1,若以数组索引值作为循环变量,则可以利用循环结构遍历数组中的所有元素,即访问到数组的每一个元素。

假设有int数组arr,按照如下方式就可以访问到数组的每一个元素并进行相应的操作:

```
for(int i= 0;   i< arr.length;   i+ + ){
//对 arr[i]的操作
}
```

注意,循环条件是 i＜arr.length,不能是 i＜＝arr.length,想想为什么。

例程 5-9 ArrayDemo3.java,使用数组存储 5 个分数,计算总分、平均分并输出。

```
package ch05;
public class ArrayDemo3 {
    public static void main(String[] args) {
        int[] scores = new int[] { 82, 76, 90, 86 ,93};
        int sum = 0;
        for (int i = 0; i < scores.length; i++) {
            sum += scores[i]; // 累加分数
        }
        System.out.println("总分: " + sum);
        System.out.println("平均分: " + (double) sum / scores.length);
    }
}
```

程序运行的输出为:

总分:427
平均分:85.4

循环变量 i 代表数组元素的索引,初值为 0,小于 scores.length 时执行循环体,每轮循环体执行完之后 i++,则循环体中 scores[i]从 scores[0]变化至 scores[scores.length-1],就实现了访问到数组的每一个元素。

循环条件如果改为 i＜＝ scores.length,则最后一轮循环访问的就是 scores[scores.length]元素了,而事实上数组中是没有这个元素的,运行时将出现异常,可以将循环条件改写为:i＜＝ scores.length-1。

在循环体中可以对数组元素做一些操作,以实现希望的功能,这里对分数进行了累加操作以计算出总分。

5.2.3 实例运用

下面通过几个例子来熟悉一下对一维数组的操作。

例程 5-10 Example5_10.java。

```
package ch05;
import java.util.Scanner;
public class Example5_10 {
    // 从控制台读入若干数据,存入数组
    public static void input(int[] arr) {
        System.out.println("请输入 5 个整数,每输入一个请按回车键:");
        Scanner scan = new Scanner(System.in);
```

```java
        for (int i = 0; i < arr.length; i++) {
            arr[i] = scan.nextInt();
        }
    }

    // 求数组中的最大值
    public static int getMax(int[] arr) {
        int max = arr[0];
        for (int i = 1; i < arr.length; i++) {
            if (max < arr[i]) {
                max = arr[i];
            }
        }
        return max;
    }

    // 求和值
    public static int getSum(int[] arr) {
        int sum = 0;
        for (int i = 0; i < arr.length; i++) {
            sum += arr[i];
        }
        return sum;
    }

    // 在控制台显示数组的各元素
    public static void echo(int[] arr) {
        System.out.println("数组各元素如下:");
        for (int i = 0; i < arr.length; i++) {
            System.out.print(arr[i] + " ");
        }
        System.out.println();
    }

    public static void main(String[] args) {
        int[] array = new int[5];
        input(array); // 从控制台读入的数据存至数组 array
        int max = getMax(array); // 找出 array 数组中的最大值
        int sum = getSum(array); // 算出 array 数组各元素的和值
        echo(array); // 将输入的数据在控制台回显出来
        System.out.println("其中的最大值为:" + max);
        System.out.println("其和值为:" + sum);
    }
}
```

程序运行的输出为:

```
请输入 5 个整数,每输入一个请按回车键:
5
3
10
2
9
数组各元素如下:
5 3 10 2 9
其中的最大值为:10
其和值为:29
```

此例程中各个方法都以数组作为参数,由于数组是引用类型,因此 main()方法中调用这些方法时,实际参数数组 array 传递给形式参数数组 arr 的是实参数组 array 的引用,即 array 数组元素存储空间的首地址,使得方法体中对形参数组 arr 的元素的任何操作实际上就是对实参数组 array 的元素的操作。

因此,以数组 array 为实际参数调用各个方法时,形参 arr 与实参 array 引用的是相同的数组空间,任何对 arr 数组的操作都将同时影响到实参 array 数组。参数传递的效果如图 5-3 所示。

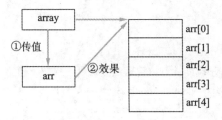

图 5-3 数组作为方法参数

例程 5-11 Example5_11.java,用选择排序算法对数组进行升序排序。

假设要将数组元素按照从小到大的顺序排列,选择排序算法的基本思想是:先找到所有元素中最小的,并将其放到前面,然后从剩下的元素里再找出最小的(在整个数组中就是次小的),放到剩下元素的最前面(在整个数组中就是第 2 个位置),依此类推,直到所有元素排序完毕。

假设有如下数组元素需要升序(由小到大)排序:

```
7 9 5 3 4 8 0 2 6 1
```

则第 1 轮先找到最小的数 0,将其与首位上 7 交换,得到新的排列:

```
0 9 5 3 4 8 7 2 6 1
```

0 位于正确的位置后,可以不必再管它,接着排剩下的部分,同样找出最小的 1,与剩下的数的首位上的 9 交换,得到新的排列:

```
0 1 5 3 4 8 7 2 6 9
```

已排好序的 0 和 1 都不必再管,同样的方式继续排剩下的部分,直到整个数组排序完毕。

排序总共需要进行数组长度 −1 轮,因为经过数组长度 −1 轮之后,前面数组长度 −1 个数已经排好序了,最后一个数必然是最大的,不必再排了。其中每一轮都进行的是相同的操作,故应结合两层循环来实现,具体如下所示。

```java
package ch05;
import java.util.Scanner;
public class Example5_11 {
    public static void selectionSort(int[] arr) {
        int minIndex;
        int t;
        for (int i = 0; i < arr.length - 1; i++) {
            minIndex = i;
            // 内层循环找出剩下的数中最小的,用 minIndex 记录其索引
            for (int j = i + 1; j < arr.length; j++) {
                if (arr[j] < arr[minIndex]) {
                    minIndex = j;
                }
            }
            // 将还未排好序的数的首位元素与 minIndex 记录下的最小数进行交换
            t = arr[i];
            arr[i] = arr[minIndex];
            arr[minIndex] = t;
        }
    }
    public static void input(int[] arr) {
        System.out.println("请输入 5 个整数,每输入一个请按回车键:");
        Scanner scan = new Scanner(System.in);
        for (int i = 0; i < arr.length; i++ ) {
            arr[i] = scan.nextInt();
        }
    }
    public static void echo(int[] arr) {
        System.out.println("数组各元素如下:");
        for (int i = 0; i < arr.length; i++) {
            System.out.print(arr[i] + " ");
        }
        System.out.println();
    }
    public static void main(String[] args) {
        int[] array = new int[5];
        input(array); // 读入数组元素
        echo(array); // 显示排序前的数组
        selectionSort(array); // 排序
        echo(array); // 显示排好序的数组
    }
}
```

程序运行的输出为：
请输入 5 个整数,每输入一个请按回车键：
10
3
9
-5
24
数组各元素如下：
10 3 9 -5 24
数组各元素如下：
-5 3 9 10 24

例程 5-12　Example5_12.java,用冒泡排序算法对数组进行升序排序。

冒泡排序算法可以形象地描述为：使较小的数值像气泡一样逐渐"上浮"到数组的顶部,而较大的数值逐渐"下沉"到数组的底部。

基本思想是：第 1 轮,从数组首元素开始,数组中的元素两两进行比较大小,总是将较小的数与较大的数交换位置。假设有如下待排序的数据：
7 3 2 1 5
则第 1 轮过程的变化是：3 7 2 1 5 → 3 2 7 1 5 → 3 2 1 7 5 → 3 2 1 5 7,第 1 轮排序结束时,最大的数 7 将"下沉"到最底部,较小的数都有一定程度的"上浮"。

第 1 轮之后,最后的一个数就不必再管,排剩下的数即可,则第 2 轮排序结束后的数为：2 3 1 5 7。使用同样的方式继续排剩下的部分,直到整个数组排序完毕。

第 i 轮排序之后,剩下还需要排序的数的索引范围为 0～(长度－1)－i。

同选择排序类似,排序总共需要进行数组长度－1 轮,因为经过数组长度－1 轮之后,后面数组长度－1 个数已经排好序了,最前面的一个数必然是最小的,不必再排了。

冒泡排序也需要两层循环来实现,具体如下所示。

```java
package ch05;
import java.util.Scanner;
public class Example5_12 {
    public static void bubbleSort(int[] arr) {
        for (int i = 0; i < arr.length - 1; i++) {
            for (int j = 1; j < arr.length - i; j++) {
                if (arr[j - 1] > arr[j]) {
                    int t = arr[j - 1];
                    arr[j - 1] = arr[j];
                    arr[j] = t;
                }
            }
        }
    }
    public static void input(int[] arr) {
        System.out.println("请输入 5 个整数,每输入一个请按回车键:");
```

```
            Scanner scan = new Scanner(System.in);
            for (int i = 0; i < arr.length; i++) {
                arr[i] = scan.nextInt();
            }
        }
        public static void echo(int[] arr) {
            System.out.println("数组各元素如下:");
            for (int i = 0; i < arr.length; i++) {
                System.out.print(arr[i] + " ");
            }
            System.out.println();
        }
        public static void main(String[] args) {
            int[] array = new int[5];
            input(array);
            echo(array);
            bubbleSort(array); // 排序
            echo(array);
        }
    }
```

程序运行的输出为:
```
请输入 5 个整数,每输入一个请按回车键:
13
2
17
-3
8
数组各元素如下:
13 2 17 -3 8
数组各元素如下:
-3 2 8 13 17
```

以上两个例程都是将数组元素升序排列,读者可以自行实现将数组元素降序(由大到小)排列。

5.2.4 二维数组的定义和使用

一维数组是一组数据的集合,多维数组可以看作是数组的数组,即数组中的每一个元素又是一个数组。

比如,一栋宿舍楼有 5 层,每一层有 10 个房间,每个房间可以住 4 个学生,那么宿舍楼就可以用一个三维的数组来表示。

第一维:5 个元素,第 1 层~第 5 层。

第二维:10 个元素,房间 1~房间 10。

第三维:4 个元素,学生 1~学生 4。

下面我们主要介绍二维数组的定义和使用。

二维数组的定义与一维数组的类似,但在元素类型后多一个[],代表是二维数组,格式如下:

> 元素类型[][] 数组名;
> 数组类型[] 数组名[];
> 数组类型 数组名[][];

其中第一种格式是 Java 惯用的格式,推荐使用第一种格式来声明二维数组。

同一维数组一样,创建并开辟数组内存空间使用 new 关键字,创建时第二维的长度可以缺省,但第一维的长度必须指定。

例如,下述代码创建了规则的二维数组,每一维的长度都确定了。

```
int[][] a = new int[3][2];
```

则数组 a 第一维包含 3 个元素,即 a[0],a[1]和 a[2],每一个元素又都是一个数组,就是第二维,第二维均包含 2 个元素:

a[0]的第二维:a[0][0],a[0][1]。
a[1]的第二维:a[1][0],a[1][1]。
a[2]的第二维:a[2][0],a[2][1]。

有时候,也将二维数组的第一维称为行,第二维称为列,则上述的数组 a 是一个包含 3 行 2 列共 6 个元素的数组。

二维数组在存储时,是先按行再按列来进行存储的,如图 5-4 所示。

a[0][0]	a[0][1]
a[1][0]	a[1][1]
a[2][0]	a[2][1]

图 5-4　规则二维数组存储示意图

可以创建不规则的二维数组,声明时第一维的长度必须指定,第二维可以留空,之后再分别声明即可。例如,下述代码就创建了不规则的二维数组。

```
int[][] b = new int[3][];
b[0] = new int[2];
b[1] = new int[3];
b[2] = new int[4];
```

那么,数组 b 是不规则二维数组,每一行元素包含的列元素个数不同,其存储示意图如图 5-5 所示。

b[0][0]	b[0][1]		
b[1][0]	b[1][1]	b[1][2]	
b[2][0]	b[2][1]	b[2][2]	b[2][3]

图 5-5　不规则二维数组存储示意图

与一维数组一样,可以在定义数组时直接用{}对数组元素进行初始化操作。例如:

```
int[][] a = {{1,2},{3,4}};
int[][] b = {{1},{2,3},{3,4,5}};
```

数组各维的长度将由初始值个数确定。内部的每一个{}代表一行,则数组 a 是包含 2 行 2 列的规则的二维数组,而数组 b 包含 3 行,但各行所包含的列元素分别是 1 个、2 个和 3 个,是个不规则的二维数组。

例程 5-13　ArrayDemo4.java,声明并创建二维数组。

```java
package ch05;
public class ArrayDemo4 {
    public static void main(String[] args) {
        int[][] a = { { 12, 34 }, { 15 }, { 3, 6, 20 } };
        int i, j;
        System.out.println("二维数组 a 的长度为:" + a.length);
        for (i = 0; i < a.length; i++) {
            System.out.println("a[" + i + "]的长度为:" + a[i].length);
            for (j = 0; j < a[i].length; j++) {
                System.out.print("a[" + i + "][" + j + "] = " + a[i][j] + "\t");
            }
            System.out.println();
        }
    }
}
```

程序运行的输出为:

```
二维数组 a 的长度为:3
a[0]的长度为:2
a[0][0] = 12    a[0][1] = 34
a[1]的长度为:1
a[1][0] = 15
a[2]的长度为:3
a[2][0] = 3    a[2][1] = 6    a[2][2] = 20
```

注意:二维数组的长度指的是第一维的长度,即行的数目,可以用数组名.length 得到。第二维的长度,也就是每一行中列的数目,可以用数组名[行标].length 得到。

二维数组元素的引用格式:

数组名[行标][列标]

行标取值范围:0~第一维长度-1,列标取值范围:0~第二维长度-1。
二维数组可以利用两层循环遍历所有的行标和列标来访问数组中的每一个元素。

例程 5-14　ArrayDemo5.java,按照 a[i][j] = i+j 模式给二维数组每一个元素赋初值。

```java
package ch05;
public class ArrayDemo5 {
    public static void main(String[] args) {
        int[][] a = new int[3][];
        a[0] = new int[2];
        a[1] = new int[3];
        a[2] = new int[4];
        int i, j;
```

```
        for (i = 0; i < a.length; i++) {
            for (j = 0; j < a[i].length; j++) {
                a[i][j] = i + j;
                System.out.print("a[" + i + "][" + j + "] = " + a[i][j] + "\t");
            }
            System.out.println();
        }
    }
}
```

程序运行的输出为:

```
a[0][0] = 0    a[0][1] = 1
a[1][0] = 1    a[1][1] = 2    a[1][2] = 3
a[2][0] = 2    a[2][1] = 3    a[2][2] = 4    a[2][3] = 5
```

例程 5-15 ArrayDemo6.java,将一个 4×3 的二维数组的元素转置输出。

```
package ch05;
public class ArrayDemo6 {
    public static void main(String[] args) {
        int[][] a = { { 1, 2, 3 }, { 4, 5, 6 }, { 7, 8, 9 }, { 10, 11, 12 } };
        int[][] b = new int[3][4];
        int i, j;
        System.out.println("数组 a 各元素的值为:");
        for (i = 0; i < a.length; i++) {
            for (j = 0; j < a[i].length; j++) {
                System.out.print(a[i][j] + "\t");
            }
            System.out.println();
        }
        for (i = 0; i < a.length; i++) {
            for (j = 0; j < a[i].length; j++) {
                b[j][i] = a[i][j];
            }
        }
        System.out.println("转置以后数组 b 各元素的值为:");
        for (i = 0; i < b.length; i++) {
            for (j = 0; j < b[i].length; j++) {
                System.out.print(b[i][j] + "\t");
            }
            System.out.println();
        }
    }
}
```

程序运行的输出为：
　　数组 a 各元素的值为：
　　1　2　3
　　4　5　6
　　7　8　9
　　10　11　12
　　转置以后数组 b 各元素的值为：
　　1　4　7　10
　　2　5　8　11
　　3　6　9　12

5.2.5　数组实用类 Arrays

java.util 包中提供了一个用于操纵数组的实用类，即 java.util.Arrays，它提供了一系列的静态方法用于操纵数组。

➢ boolean equals(数组1,数组2)：比较 2 个数组是否相同，2 个数组必须是同种类型的，只有当 2 个数组的元素个数相同且对应位置的元素也相同时，才表示 2 个数组相同，返回 true 值。

➢ void fill(数组,值)：将指定的值分配给数组的每一个元素。

➢ void sort(数组)：对数组中的元素按照升序排序。数组是数值类型和 char 型时，将按元素值由小到大排序。

➢ int binarySearch(数组,值)：在调用此方法前必须先对数组进行排序，该方法按照二分查找算法查找数组是否包含指定的值，如果包含，则返回该值在数组中的索引，如果不包含该值，则返回负值。

➢ String toString(数组)：返回数组内容的字符串表示形式。

以上各方法都有适应各种数据类型数组的多个重载的版本，具体可以参考 JDK 文档。

例程 5-16　ArraysDemo.java，Arrays 类的几个常用方法的使用。

```java
package ch05;
import java.util.Arrays; //不可缺
public class ArraysDemo {
    public static void testStringArray() {
        String[] s1 = { "Tim", "Tony", "Kate" };
        String[] s2 = { "Tim", "Tony", "Kate" };
        System.out.println("s1 与 s2 是否相同:" + Arrays.equals(s1, s2));
        Arrays.sort(s1); // 对 s1 进行排序
        System.out.println("s1 排序后,与 s2 是否相同:" + Arrays.equals(s1, s2));
        System.out.println("Tony 在 s1 中的位置:"
            + Arrays.binarySearch(s1, "Tony"));
        System.out.println("Tony 在 s2 中的位置:"
            + Arrays.binarySearch(s2, "Tony"));
    }
```

```java
        public static void testIntArray() {
            int[] a = new int[5];
            int[] b = new int[5];
            int[] c = { 7, 2, 3, 9 };
            Arrays.fill(a, 1); // 用1填充数组 a
            System.arraycopy(a, 0, b, 0, a.length);
            // System类的 arraycopy方法实现数组复制
            // 数组 a 是源,数组 b 是目标
            // 从 a 索引为 0 的位置开始复制 a.length 个元素至 b,b 从索引 0 处开始接收
            System.out.println("数组 a 和数组 b 是否相同:" + Arrays.equals(a, b));
            Arrays.sort(c); // 对 c 数组元素升序排序
            System.out.println("数组 a:" + Arrays.toString(a));
            System.out.println("数组 b:" + Arrays.toString(b));
            System.out.println("数组 c:" + Arrays.toString(c));
        }
        public static void main(String[] args) {
            testStringArray();
            testIntArray();
        }
    }
```

程序运行的输出为:

```
s1 与 s2 是否相同:true
s1 排序后,与 s2 是否相同:false
Tony 在 s1 中的位置:2
Tony 在 s2 中的位置:1
数组 a 和数组 b 是否相同:true
数组 a:[1, 1, 1, 1, 1]
数组 b:[1, 1, 1, 1, 1]
数组 c:[2, 3, 7, 9]
```

要点提醒:

◇ 定义方法有助于解决代码重复编写的问题。

◇ 方法定义的一般语法格式为:

[修饰符] 返回值类型 方法名([参数类型 参数名1,参数类型 参数名2,...]){
　　//方法体语句
　　[return 返回值;]
}

◇ 在发生方法调用时,程序的执行流程将转去执行被调用方法的方法体。

◇ 对于基本数据类型的参数,调用方法时的参数传递是将实际参数的值复制给形式参数;如果方法的参数是引用数据类型(对象类型),参数传递就不是简单地复制了,实际参数传递给形式参数的是对象的引用地址。

◇Java 的数组是对象,必须通过 new 来创建。同一个数组元素所属的类型相同,可以是基本数据类型,也可以是对象类型。

◇用 new 创建数组后,每个元素会被自动赋予其数据类型的默认值,例如,数值型数组的所有元素默认值为 0 值,boolean 类型数组元素默认值为 false,对象类型(如 String 类型)数组元素的默认值为 null。

◇数组有一个 length 成员变量,表示数组的长度,利用数组名.length 可以读取这个值。

◇数组元素都有一个索引值,代表其在数组中所处的位置,索引从 0 开始,最后一个元素的索引是数组名.length－1。

◇如果数组的元素又是数组,则可以形成多维数组。

◇二维数组的元素的访问形式为:数组名[行标][列标],其中行标取值范围是 0~第一维长度－1,列标取值范围是 0~第二维长度－1。

◇java.util.Arrays 类提供了一些有用的操纵数组的方法,如比较数组是否相同的 equals() 方法,填充数组的 fill() 方法,对数组进行升序排序的 sort() 方法,查找数组元素的 binarySearch() 方法等。

实训任务

[实训 5-1] 从控制台读入 5 个 int 型数存入数组,先将数组元素逆序输出,再对数组元素进行降序排序,然后再输出排好序的数组元素。

[实训 5-2] 创建包含 100 个 double 型数据的数组 nums,各元素要求值为 0.0~1.0 之间的随机小数,求元素的平均值。(提示:随机小数的产生可使用 Math.random() 方法,该方法生成[0.0~1.0)之间的随机小数。)

[实训 5-3] 定义一个 2×3 的数组,使数组中的每个元素的值为其两个下标的乘积,并输出数组各元素。

项目 6 类与对象

本章目标

◆ 定义类、类的成员变量、类的成员方法、类的构造方法
◆ 实例化对象、调用成员方法

6.1 类与对象的基本概念

在早期面向过程的软件开发方法中，人们总是致力于用计算机能够理解的逻辑来描述和表达待解决的问题及其具体的解决过程。于是数据结构、算法成了面向过程问题求解的核心组成部分，利用这种开发方法能精确、完备地描述具体的操作过程。

例如，我们可以容易地利用面向过程的求解方法解决下面这个问题：有一张信用卡，卡上已经产生应还金额 5000 元，假定月利息为 2%，你一直不还款，那么在多少个月之后，这张卡的应还金额会超过 10 000 元？

如果我们将这个范围扩大，要处理一个有关银行日常业务的问题，那么所有的资金、账目往来，包括存款、取款、贷款、还款和这些操作所处理的数据，如金额、账号、日期等问题都需要考虑，这时利用面向过程的软件开发方法就很难把这个包含了多个相互关联的过程的复杂系统表述清楚。

于是，力求符合人们日常的思维习惯，降低、分解问题的难度和复杂性，提高整个求解过程的可控制性、可监测性和可维护性，人们提出了一种全新的程序设计思路和观察、表述、处理问题的方法。利用"系统"的观点来分析问题、解决问题，这时人们关心的就不仅仅是孤立的单个过程，而是孕育所有这个过程的母体系统，它能够使计算机逻辑模拟描述系统本身，包括系统的组成、关系、系统的各种可能状态以及系统中可能产生的过程和过程引起的切换。

人们把系统中需要处理的数据和这些数据上的操作结合在一起，根据功能、性质、作用等因素，将其抽象成不同的抽象数据类型。每个抽象数据类型既包含了数据，也包含了针对这些数据的授权操作，是相对于过程抽象更为严格也更为合理的抽象方法。

面向对象的软件开发方法的主要特点之一，就是采用了数据抽象的方法来构建程序的类、对象和方法。它使计算机世界得以向现实世界靠拢。

什么是实体？你手头这本书、你坐着的凳子、路上行驶的汽车、车上的驾驶员等都是实体。实体不一定是现实世界中具有生命的生命体，没有生命的物体也可以是实体。这些实体在面向对象的程序中都可以通过对象描述出来，也就是说，概念世界中的实体对应着程序中的对象。

对象是面向对象程序的核心，那么什么是对象？一个对象就是一个程序单元，它将一组数据和对这些数据的各种操作结合在一起。

对象中的数据通常称为属性，用来描述对象的信息，比如书的页数、价格、出版社，板凳的材质、颜色，汽车驾驶员的性别、年龄及住址等。

对象中的各种操作通常称为方法，用来描述对象的功能。比如汽车能够加速行驶或者刹车，小鸟能够飞翔或者鸣叫等。

类是一个抽象的概念，表示对现实生活中一类具有共同特征的对象的抽象化。在类中定义了这类对象所具备的属性和方法。

比如我们常说的"人类"是一个抽象的概念，这里的"人类"就是一个类，是一个抽象的概念。"人类"具备眼睛、鼻子、耳朵等属性，以及行走、说话、思考等方法。而具体的某一个人比如张三或者李四，他们都是人类的一个实体，也就是对象。一个类可以对应多个对象。

我们在现实世界与计算机世界之间架起了一座桥梁，通过类、对象等形式将实体、抽象数据类型表述出来，如图 6-1 所示。

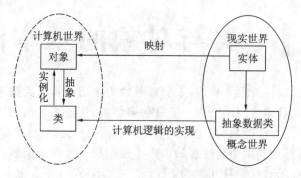

图 6-1　类、对象、实体

对象的状态在计算机程序中是用变量来表示的，而对象的行为在计算机程序中是用方法来表示的。

6.2 创 建 类

6.2.1 类的定义

类定义的完整格式如下，其中方括号内的内容可以缺省。

```
[修饰符] class 类名 [extends superclassname] [implements interfacename]
{
    //类体
}
```

修饰符有如下几种。

> 访问权限修饰符：如 public，protected，private。
> 最终类修饰符：final。

➢ 抽象类修饰符:abstract。

类定义时的修饰符可以是上述修饰符中的任一个或它们的某种组合,也可以缺省修饰符。

class 类名:class 是定义类时要使用的关键字,要定义一个类必须用到 class 关键字,类名应为合法的标识符,且应能见名知意。

extends superclassname:extends 是表示继承关系的关键字,说明所定义的类是继承名为 superclassname 类而得来的。定义一个类可以特别说明是从哪一个父类继承而来的,也可以不加以说明。当没有用 extends superclassname 特别说明所继承的父类时,所定义的类的父类是 java.lang.Object。

implements interfacenamelist:implements 是表示实现接口的关键字,说明所定义的类要实现指定的接口。要实现的接口可以是一个,也可以是多个即一系列的接口,定义的类可以实现接口,也可以不实现接口。若不用 implements interfacenamelist 加以说明,则所定义的类没有实现任何接口。关于 extends 和 implements 会在后续的章节进行讲解。

类体:类是一个抽象的概念,表示对现实生活中一类具有共同特征的对象的抽象化,类体就包含了这一类具有共同特征的对象所具备的属性和方法的定义。类体中往往包含两个部分:一部分是变量定义,用来描述该类的对象具备的属性,称为成员变量;一部分是方法定义,用来描述该类的对象所具有的行为,称为成员方法。

例如:

```
class People {
}
```

定义了一个类 People,但是类体为空,并没有定义 People 类中有什么属性或者方法。下面为这个类分别添加属性和方法。

6.2.2 体现类的属性:定义成员变量

我们希望在 People 这个类中加入以下几个信息:年龄、姓名和身高。这里的年龄、姓名和身高就是属性。年龄一般会用一个整数去描述,即 int 类型;姓名是一段文字,在 Java 中一段文字又称为字符串,用 String 类型;身高一般用小数多少米表示,可以用 float 或者 double 类型数据表示。代码如下:

```
class People {
    String name;      //姓名
    int age;          //年龄
    double height;    //身高
}
```

属性的定义格式如下:

[修饰符] 数据类型 variablename;

其中方括号内的内容可以省略。修饰符有如下几种:

➢ 访问权限修饰符:如 public,protected,private。

➢ 静态变量(又称类变量)修饰符:static,说明这个变量是类变量。没有用 static 修饰的属性又称为实例变量。

➢ 常量说明符:final,作用是将变量声明为一个值不可变的常量。

修饰符可以是上述修饰符中的任一个或它们的某种组合,定义属性时也可以缺省修饰符。

数据类型代表该成员变量所属的数据类型,除了基本数据类型之外,还可以是引用类型。variablename 是变量名,即属性的名字。

如果在类 People 中除了刚刚定义的年龄、姓名和身高外要加入住址信息,代码应该怎么写?参考代码如下:

```
class People {
    String name;
    int age;
    double height;
    String address;      //住址
}
```

6.2.3 表现类的行为:定义成员方法

方法定义的一般语法格式为:

```
[修饰符]  返回值类型  方法名([参数类型 参数名1,参数类型 参数名2,...]){
    //方法体语句
    [return 返回值;]
}
```

比如,在之前的类 People 中添加一个行为能力,即添加一个成员方法 laugh(),代表 People 具有 laugh 的行为能力。

```
class People {
    String name;
    int age;
    double height;
    String address;
    public void laugh(){
        System.out.println("哈哈哈...");
    }
}
```

这个描述人类的 People 类,表示属于 People 类的所有对象都具有 name、age、height、address 的属性,并具有 laugh 的行为能力。

例程 6-1　Calculator.java,计算器类,具有加法运算能力。

```
package ch06;
public class Calculator {
    public int add(int a, int b) {
        return a + b;
    }
}
```

此例程定义了类 Calculator,描述计算器,成员方法 add() 表示此类具有加法运算能力。

注意,这个类是不能执行的,Java 应用程序的执行入口是 main() 方法,没有 main() 方法的类不能作为应用程序执行。

6.2.4 特殊的方法:构造方法

类体中除了描述类的属性的成员变量和描述类的行为的成员方法之外,还可以包含一种特殊的方法:构造方法。

对象是依据类的定义被构造出来的,不调用构造方法,就不能创建新的对象。事实上,不仅要调用对象的实际类的构造方法,还要调用其每一个父类的构造方法,才能创建新的对象。构造方法是一种特殊的方法,用于创建对象,具有以下特点:

- 构造方法名和所在类的类名相同。
- 构造方法没有返回值,方法名处的返回值类型为空(即返回值类型什么都不写)。
- 构造方法通常用于初始化成员变量,确切地说,是初始化实例变量(无 static 修饰的成员变量)。

在 Java 中,如果一个类没有显式地定义它自己的构造方法,那么 Java 将自动地提供一个默认的不带参数的构造方法。默认构造方法自动地将所有的实例成员变量初始化为默认值,具体类型与默认值的对应关系如下:

引用类型如 String:null。
byte、short、int、long:0。
float、double:0.0。
boolean:false。
char:'\u0000'。

默认构造方法的格式:

```
public People(){
    super();    //可缺省
}
```

更多的时候,我们会根据需要定义自己的构造方法。

例程 6-2 People.java,创建 People 类,定义成员变量、成员方法和构造方法。

```
package ch06;
public class People {
    String name;
    int age;
    double height;
    String address;
    //构造方法
    public People(String name,int age,double height,String address){
        this.name = name;
        //this.name 代表的是实例变量(即属性)name
        //"="右边若无前缀,则 name 是此构造方法的形式参数
        this.age = age;
        this.height = height;
        this.address = address;
    }
```

```
    public void laugh() {
        System.out.println("哈哈哈...");
    }
}
```

注意,当类中有自定义的构造方法时,系统不会再提供默认的不带参数的构造方法。

6.3 对象的使用

6.3.1 对象的使用

类和对象是设计图与产品的关系,设计图不能实际投入使用,产品才是能够实际使用的。定义了一个类后,我们往往需要构造类的实例,即创建类的对象来投入使用。

Java 中类实例化对象(创建对象)的语法格式为:

  new 构造方法(实际参数)

当类中没有自定义的构造方法时,系统会包含一个默认的不带参数的构造方法。创建对象后,才可以使用类中所定义的成员变量和成员方法(非 static 的成员变量和成员方法)。

访问成员变量和调用成员方法的格式如下:

  对象名.成员变量名

  对象名.成员方法名(实际参数)

在例程 6-2 已经创建好 People 类的基础上,创建 PeopleTest 类,包含 main() 方法,在其中创建 People 类的对象投入使用。

  PeopleTest.java。

```
package ch06;
public class PeopleTest {
    public static void main(String[] args) {
        People tom = new People("Tom", 18, 1.7, "武汉市");
        //创建 People 类的对象 tom
        System.out.println(tom.name); // 访问 tom 对象的属性 name
        tom.laugh(); // 调用 tom 对象的方法 laugh()
    }
}
```

程序运行的输出为:

  Tom

  哈哈哈...

注意,这个可执行的应用程序由例程 6-2 和例程 6-3 的两个类构成,例程 6-3 的 PeopleTest 类是主类,包含程序的执行入口 main() 方法,在 main() 方法中使用了例程 6-2 中定义的 People 类。

People 类的对象 tom,也是 People 类型(自定义的类也是数据类型)的变量 tom,是引用类型的变量。事实上,所有类的对象都是引用类型的变量,引用类型也叫作对象类型。与基本数据类型变量的区别是:基本数据类型变量存储的是变量的值;而引用类型变量存储的是对象的引用(即对象空间的首地址),如图 6-2 所示。

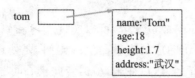

图 6-2 引用类型变量在内存中的状态

People tom = new People("Tom", 18, 1.7, "武汉市");可以分为两条语句:

```
People tom;      //此时 tom 的值为 null,还未引用具体的对象
tom= new People("Tom", 18, 1.7, "武汉市");
// new 关键字调用构造方法创建对象,开辟对象存储空间,对象首地址赋给 tom
```

类定义实际上是创建了一种新的数据类型,该种类型能被用来创建对象。也就是,类创建了一个逻辑的框架,该框架定义了它的成员之间的关系。创建类的对象,就是在创造该类的实例。因此,类是一个逻辑构造,对象有物理的真实性。

要获得一个类的对象(实例)需要两个步骤。第一步,声明该类类型的一个变量,这个变量没有定义一个对象,如 People tom;语句。第二步,创建一个对象的实际的物理拷贝,并把对于该对象的引用(即内存地址)赋给该变量,如 tom= new People("Tom", 18, 1.7, "武汉市");语句,这是通过使用 new 运算符调用构造方法实现的。

例程 6-4 PeopleTest2.java,使用对象访问属性、调用成员方法。

```java
package ch06;
public class PeopleTest2 {
    public static void main(String[] args) {
        People tony = new People("Tony", 18, 1.8, "武汉市");
        // 创建 People 类的对象 tony
        tony.name = "安东尼";// 访问 tony 对象的属性 name
        System.out.println(tony.name);
        tony.laugh(); // 调用 tony 对象的方法 laugh()
        People jane = new People("Jane", 18, 1.6, "武汉市");
        jane.height = 1.7; // 访问 jane 对象的属性 height
        System.out.println(jane.name + "身高" + jane.height + "米");
    }
}
```

程序运行的输出为:

安东尼
哈哈哈...
Jane 身高 1.7 米

这个可执行的应用程序由例程 6-2 创建的 People 类和本例程创建的 PeopleTest2 类两个类构成。PeopleTest2 类是主类,在 main()方法中使用了 People 类,程序根据需要可以创建多个对象,每个对象可以具备自己独特的属性值。这里创建了两个对象 tony 和 jane,通过对象名. 成员变量名方式分别修改了 tony 的姓名和 jane 的身高。通过对象名. 成员方法名()调用了成员方法。

6.3.2 成员变量的 getter、setter 方法

通过对象名. 成员变量名访问成员变量,可以实现获得和修改成员变量的值的功能,但实际开发中往往不应该这么直接访问成员变量的值。比如,要处理一个有关银行日常业务的问题,最核心的问题就是所有的资金、账目往来,根据与此核心问题有关的操作,包括存款、取款、贷款、还款和这些操作所处理的数据,如金额、账号、日期等。在这个问题中,可以定义一个银行处理类,金额、账号、日期为类的成员变量;存款、取款、贷款、还款为类的成员方法。银行账户相关数据应保证数据安全,不可随意访问,金额等敏感数据应封装在类的内部,不允许它们被随便浏览与更改,若需要修改、查看,应通过调用存款、查询等方法来实现。

为了体现类的封装性,使用专门成员方法来访问成员变量,获取成员变量值的方法称作 getter 方法,设置(修改)成员变量值的方法称作 setter 方法。

在被访问的成员变量名的前面加上前缀 get 来表示获取成员变量的方法。例如 getName()、getAge()分别代表获得 name 属性值和 age 属性值的方法。

同理,在被访问成员变量名的前面加上前缀 set 来表示设置(修改)成员变量值的方法。例如 setName(String name)、setAge(int age)分别代表设置 name 属性值和 age 属性值的方法。

例程 6-5 People2.java,改写 People 类,将属性(成员变量)进行封装,为属性提供相应的获取值的 getter 方法和设置值的 setter 方法。People2Test.java,包含 main()方法的主类,使用 People2 类创建对象,并通过属性的 getter、setter 方法来对属性进行访问。

```java
package ch06;
public class People2 {
    private String name;
    private int age;
    private double height;
    private String address;
    //构造方法
    public People2(String name,int age,double height,String address){
        this.name = name;
        this.age = age;
        this.height = height;
        this.address = address;
    }
    //属性 name 的 getter 方法
    public String getName() {
        return name;
    }
    //属性 name 的 setter 方法
    public void setName(String name) {
        this.name = name;
```

```java
    }
    public int getAge() {
        return age;
    }
    public void setAge(int age) {
        this.age = age;
    }
    public double getHeight() {
        return height;
    }
    public void setHeight(double height) {
        this.height = height;
    }
    public String getAddress() {
        return address;
    }
    public void setAddress(String address) {
        this.address = address;
    }
    public void laugh() {
        System.out.println("哈哈哈。。。");
    }
}
```

各成员变量类型名前面的修饰符 private 是访问权限修饰符,代表被修饰的成员变量的可访问权限仅限于本类,外部要对这些成员变量进行访问需要通过它们对应的 getter、setter 方法。

```java
package ch06;
public class People2Test {
    public static void main(String[] args) {
        People2 tony = new People2("Tony", 18, 1.8, "武汉市");
        // tony.name = "安东尼"; //编译错误,属性 name 被封装,不可直接访问
        tony.setName("安东尼");
        //通过 name 属性的 setter 方法来设置属性的新值
        // System.out.println(tony.name);
        //编译错误,属性 name 被封装,不可直接访问
        System.out.println(tony.getName());
        //通过 name 属性的 getter 方法来获得属性的值
        tony.laugh(); // 调用 tony 对象的方法 laugh()
    }
}
```

程序运行的输出为:

安东尼

哈哈哈。。。

6.3.3 类与对象的实例

例程 6-6 Box.java,BoxTest.java。程序由两个类构成,Box类描述盒子,具有长、宽、高属性,具有访问各个属性的getter、setter方法,具有求体积的功能方法。BoxTest类是包含main()方法的主类,创建Box类的对象构造具体的盒子,设置长、宽、高的值,求体积并输出。

```java
package ch06;
public class Box {
    private double width;
    private double height;
    private double depth;
    public Box(){
        width=1;
        height=1;
        depth=1;
    }
    public Box(double w, double h, double d) {
        width = w;
        height = h;
        depth = d;
    }
    public double getWidth() {
        return width;
    }
    public void setWidth(double width) {
        this.width = width;
    }
    public double getHeight() {
        return height;
    }
    public void setHeight(double height) {
        this.height = height;
    }
    public double getDepth() {
        return depth;
    }
    public void setDepth(double depth) {
        this.depth = depth;
    }
    //求体积
    double volume() {
```

```
            return width * height * depth;
        }
    }
```

Box类定义了两个版本的构造方法:一个是无参数的构造方法,将长、宽、高的初值都设为了1;一个是带3个参数的构造方法,3个参数分别用于给长、宽、高赋值。创建Box类的对象时可以根据需要选择合适的版本来调用。像这样的多个参数列表不同的构造方法叫作构造方法的重载。方法的重载在后续章节中会详细介绍。

```
    package ch06;
    public class BoxTest {
        public static void main(String args[]) {
            Box mybox1 = new Box();          //调用无参构造方法创建Box对象
            Box mybox2 = new Box(3, 6, 9);   //调用带参数的构造方法创建Box对象
            double vol;
            vol = mybox1.volume();
            System.out.println("mybox1 Volume is " + vol);
            mybox1.setWidth(5);
            mybox1.setHeight(10);
            mybox1.setDepth(6);
            System.out.println("now mybox1 Volume is " + mybox1.volume());
            vol = mybox2.volume();
            System.out.println("mybox2 Volume is " + vol);
        }
    }
```

总之,学习编写Java应用程序必须学会怎样去编写类,即怎样用Java的语法去描述一类事物共有的属性和功能。属性通过类的成员变量来刻画,功能通过类的成员方法来体现,即方法操作属性形成一定的算法来实现一个具体的功能。

要点提醒:
◇面向对象编程将数据(属性)和方法(行为)封装在对象中,对象的数据与方法紧密地捆绑在一起。
◇对象具有信息隐藏的特性。对象可能知道如何通过良好定义的接口与其他对象进行通信,但是它们通常不允许知道其他对象是如何实现的。
◇Java程序员创建的数据类型,称为类。
◇构造方法与类同名,在实例化该类对象时,它用于初始化该对象的实例变量。构造方法可以有参数,但不能指定返回类型。
◇在创建一个对象时,new运算符为该对象分配内存空间,然后调用类的构造方法以初始化该对象的成员变量。
◇如果没有为一个类声明构造方法,编译器将创建一个默认的构造方法。

实训任务 □□□

[**实训 6-1**]定义一个表示学生的类 Student,包括属性("学号""班级""姓名""性别""年龄")和方法(各属性值的获得和设置(修改)方法、自定义构造方法)。编写 Java 应用程序,创建 Student 类的两个对象如张三、李四,使用方法设置 Student 对象的属性,并显示属性值。

[**实训 6-2**]创建 Rectangle 类,该类拥有属性 length 和 width,每个属性的默认值要求都为 1,该类拥有方法 perimeter 和 area,分别用于计算矩形的周长和面积,该类还有设置和获取属性 length 和 width 的方法。编写 Java 应用程序,创建 Rectangle 类的对象,求其周长和面积并输出。

项目 7 面向对象特性

本章目标

- 对象的创建与使用,构造方法
- 静态成员
- 方法的重载
- 通过继承创建新类,方法的重写
- 定义和使用接口
- 使用包和访问控制符

7.1 对象的创建与销毁

面向对象程序设计的核心是对象,程序是一系列对象的组合。单个对象能够实现的功能是有限的,应用程序往往包含很多的对象,这些对象相互调用彼此的方法,交互作用以实现更高级、更复杂的功能。在程序中当需要使用新对象时,应进行对象的创建,为其分配内存空间,在对象完成了自己的功能后可以销毁它以释放占用的内存。

创建对象就是指产生类的一个实例出来,就好比依照设计图纸实实在在地生产一辆车出来。要生产出产品首先得有设计图纸,创建对象也是如此:首先有类,然后才能产生这个类的实例。

在 Java 中,利用 new 关键字可以创建类的对象,例如:

SomeClass ob = new SomeClass(参数列表);

new 关键字后是调用类的构造方法。前面章节已经介绍过,类中有一种特殊的方法,其名称与类名相同,无返回类型,就是类的构造方法,用于对对象进行初始化操作。

对象的创建过程主要包含如下的步骤:

(1)给对象分配内存空间。

(2)若类的实例变量在定义时未赋初值,则将它们自动初始化为其所属类型的默认值。比如说,int 类型、double 类型等数值类型的默认值为 0 值,boolean 类型的初始值为 false 等。若实例变量在定义时就赋了值,则按给定的值进行初始化。

(3)调用类的构造方法进行对象的初始化工作,若构造方法中包含对实例变量赋值的语句,则为实例变量赋予相应的初始值。

注意:类的实例变量指的是类中未被 static 修饰的成员变量,static 的作用后续章节会有介绍。

例程 7-1 Student.java，StudentTest.java。

学生类 Student：

```java
package ch07;
public class Student {
    String name;
    int age;
    String majorClass;
    public Student(String stuName, int stuAge, String stuMajorClass) {
        name = stuName;
        age = stuAge;
        majorClass = stuMajorClass;
    }
    public int getAge() {
        return age;
    }
    public void setAge(int newAge) {
        age = newAge;
    }
    public String getMajorClass() {
        return majorClass;
    }
    public void setMajor(String newMajorClass) {
        majorClass = newMajorClass;
    }
    public String getName() {
        return name;
    }
    public void setName(String newName) {
        name = newName;
    }
}
```

程序主类 StudentTest：

```java
package ch07;
public class StudentTest {
    public static void main(String[] args) {
        // 创建一个学生对象
        Student aStudent = new Student("Tom", 19, "计算机");
        // 显示这个学生的信息
        System.out.println("学生姓名:" + aStudent.getName());
        System.out.println("学生年龄:" + aStudent.getAge());
        System.out.println("学生专业:" + aStudent.getMajorClass());
    }
}
```

程序运行的输出为：
学生姓名:Tom
学生年龄:19
学生专业:计算机

对象创建之后，可以通过访问对象的成员变量或是调用对象的成员方法来使用对象。

1. 访问对象的成员变量

访问对象的成员变量的一般格式如下：

对象名.成员变量名

通过访问对象的成员变量可以修改对象的属性值，如可以给学生改名：

aStudent.name = "John";

类似地，还可以访问学生对象的 age、major 变量修改其年龄、专业信息：

aStudent.age = 20;
aStudent.major = "英语";

注意：
像这样直接操纵对象的属性的做法是不提倡的，更好的访问方式是通过各个属性的 getter 和 setter 方法来对属性进行访问。

2. 调用对象的成员方法

调用对象的成员方法的一般格式如下：

对象名.成员方法名(参数列表)

方法代表对象具有的行为，调用方法就相当于实施行为，能实现一定的功能。
比如，如果希望对这个学生的信息进行修改，可以调用各个属性的 setter 方法来实现：

aStudent.setName("John");
aStudent.setAge(20);
aStudent.setMajor("英语");

3. 缺省构造方法

修改一下 Student 类，将其中的构造方法去掉，没有构造方法，还能创建学生对象吗？
答案是可以，但是在 StudentTest 类中构造学生对象的语句要做相应的改动：

Student aStudent = new Student();

再次运行 StudentTest 类，得到如下的结果：

学生姓名:null
学生年龄:0
学生专业:null

运行结果表明，学生对象创建成功了，但各属性值被初始化为默认值了。
这是因为：在 Java 中，每个类至少要有一个构造方法，如果用户在定义类时没有定义任何的构造方法，则 Java 将自动提供一个隐含的构造方法，叫作缺省的构造方法。
这个缺省的构造方法不带参数，用 public 修饰，而且方法体为空，形如：

public ClassName(){}

因此，修改后的 Student 类，事实上包含无参的缺省构造方法，使用 new 创建对象时，就可以调用这个构造方法来创建对象了。

由于实例变量在定义时未赋初值,缺省的构造方法的方法体也是空的,故这些实例变量均只被赋予了所属类型的默认值 null、0 和 null,得到上面所示的运行结果。

4. 对象的销毁

对象创建之后就占用一定的内存空间,Java 程序会陆续地创建许多的对象,若这些对象一直占用内存而不释放的话,内存总会被耗尽,最后引发内存空间不足的问题。因此,当对象已经不再需要了的时候,应该及时地销毁它们,以释放内存空间,保证内存空间的有效利用。

在其他一些语言中,当对象不再需要时,程序中可能要显式地利用一定的语句销毁对象,释放对象所占用的内存空间。这导致了一定的弊端:由于程序员的粗心,可能会忘记及时释放无用对象占用的内存,也有可能错误地释放了不该释放的内存而导致系统问题等。

而 Java 程序员则可以轻松一些,在 Java 中,销毁无用对象、回收其占用的内存资源这一工作由 Java 虚拟机来承担,这使得程序员可以从复杂的内存追踪、检测和释放中解放出来,减轻程序员进行内存管理的负担。

在 Java 的运行时环境中,Java 虚拟机提供了一个垃圾回收器线程,它负责自动周期性地检测、回收那些无用对象所占用的内存,这种内存回收的机制被称为自动垃圾回收(garbage collection),这也是 Java 显著的特色之一。

7.2 引用赋值

7.2.1 引用赋值

相同或相兼容的基本数据类型的变量之间可以互相赋值,比如:

```
int i = 3;
int j = i;
```

与此类似,同种类型的对象之间也可以赋值,比如:

```
Student stu1 = new Student();
Student stu2 = stu1;
```

不同的是:

◇ 基本数据类型的变量之间的赋值是值的拷贝、内容的拷贝。

◇ 对象之间的赋值叫作引用赋值,是将赋值号右边对象的引用赋给赋值号左边的对象,而不是拷贝对象的内容。

对象名其实也是变量名,它所属的类型就是实例化它的类,如上述代码中的 stu1、stu2 就是 Student 类型的变量。不同于基本数据类型的变量,对象名 stu1、stu2 并不存储具体的学生对象的内容,而只是代表了指向学生对象存储空间的一个引用,因此,对象也被称为引用类型变量。

对象之间的赋值,是将一个对象名所代表的引用赋给另一个对象名,使得两个对象具有相同的引用,那么这两个对象名可以访问到同一个对象的存储空间,这种对象的赋值就叫作引用赋值。

例程 7-2 Student.java,StudentTest2.java。通过引用赋值，可以令两个不同的名称表示同一个学生。

```java
package ch07;
public class StudentTest2 {
    public static void main(String[] args) {
        Student tom = new Student("Tom", 20, "计算机");
        Student tom_Smith;
        tom_Smith = tom; // 引用赋值
        // tom 的相关信息
        System.out.println("学生 tom 的基本信息如下:");
        System.out.println("  姓名:" + tom.getName());
        System.out.println("  年龄:" + tom.getAge());
        System.out.println("  专业:" + tom.getMajorClass());
        // tom_Smith 的相关信息
        System.out.println("学生 tom_Smith 的基本信息如下:");
        System.out.println("  姓名:" + tom_Smith.getName());
        System.out.println("  年龄:" + tom_Smith.getAge());
        System.out.println("  专业:" + tom_Smith.getMajorClass());
    }
}
```

程序运行的输出为：

```
学生 tom 的基本信息如下:
  姓名:Tom
  年龄:20
  专业:计算机
学生 tom_Smith 的基本信息如下:
  姓名:Tom
  年龄:20
  专业:计算机
```

这个应用程序由 Student 类（例程 7-1 中创建）和 StudentTest2 类两个类构成，StudentTest2 是程序的主类。

引用赋值 tom_Smith = tom 的效果如图 7-1 所示。

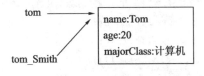

图 7-1 引用赋值

若对象只声明了类型而没有创建，则对象的值为 null，代表空引用，表示没有指向任何的对象。这时候如果试图使用对象，则会出错，例如：

```java
Student jane;
System.out.println("学生姓名:" + jane.getName());
```

使用空引用的对象，在运行时会产生 NullPointerException 异常，异常在后续章节中介绍,编写程序时应避免出现空引用。

7.2.2 对象数组

数组元素的类型除了可以是基本数据类型以外,还可以是对象类型,即数组的元素皆为引用类型数据。

下述代码所示的就是对象数组:

```
Stirng[] hello = new String[3];
Student[] stus  = new Student[5];
```

表示创建了名为 hello 的字符串数组,包含 3 个字符串类型的元素,声明了名为 stus 的 Student 数组,包含 5 个 Student 类型的学生对象。

对象数组的各个元素均为对象,对象在创建之前其引用值为 null。对象数组的创建除了用 new 开辟数组各元素的内存空间之外,还需要进一步为每一个元素赋引用值,即为每一个元素创建一个对象。

例如:

```
String[] hello = new String[3];
hello[0] = "早上好";
hello[1] = "中午好";
hello[2] = "晚上好";
```

对象数组 hello 在内存中的状态如图 7-2 所示。

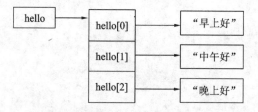

图 7-2　对象数组 hello 在内存中的状态

例程 7-3　StrArrayDemo1.java。仅创建对象数组,未给每一个元素(对象)赋引用值。

```
package ch07;
public class StrArrayDemo1 {
    public static void main(String[] args) {
        //仅创建对象数组,未给每一个元素(对象)赋引用值
        String[] hello = new String[3];
        for (int i = 0; i < hello.length; i++) {
          System.out.println(hello[i]);
        }
    }
}
```

程序运行的输出为:

```
null
null
null
```

例程 7-4 StrArrayDemo2.java。创建对象数组,并给每一个元素(对象)赋引用值。

```java
package ch07;
public class StrArrayDemo2 {
    public static void main(String[] args) {
        String[] hello = new String[3];
        hello[0] = "早上好";
        hello[1] = "中午好";
        hello[2] = "晚上好";
        for (int i = 0; i < hello.length; i++) {
            System.out.println(hello[i]);
        }
    }
}
```

程序运行的输出为:

早上好
中午好
晚上好

此例程中对象数组 hello 在内存中的状态就如图 7-2 所示。

若对象数组的元素未被赋引用值而投入使用,运行时会产生 NullPointerException 异常,代表引用类型的变量还没有指向一个对象。

一个对象数组应用的示例:声明一个学生数组,包含 5 个学生的信息(姓名、性别、Java 课程成绩、成绩等级),要求找出其中成绩最好的学生,输出其信息,并计算出 Java 课程的平均成绩再输出。

例程 7-5 Student2.java,Student2Test.java。

```java
package ch07;
public class Student2 {
    String name; // 姓名
    char sex; // 性别:M代表男,F代表女
    int javaScore; // Java 课程成绩
    String grade; // 成绩等级
    public Student2(String name, char sex, int javaScore) {
        this.name = name;
        this.sex = sex;
        this.javaScore = javaScore;
    }
    public int getJavaScore() {
        return javaScore;
    }
    public void setJavaScore(int javaScore) {
        this.javaScore = javaScore;
```

```java
        }
        //判定成绩等级
        public void judgeGrade() {
            if (javaScore < 60) {
                grade = "不及格!!!";
            } else if (javaScore < 85) {
                grade = "合格";
            } else {
                grade = "优秀";
            }
        }
        public String getGrade() {
            judgeGrade();
            return grade;
        }
    }
```

先定义学生类型 Student2，提供必要的功能方法。

```java
package ch07;
public class Student2Test {
    public static void main(String[] args) {
        Student2[] stus = new Student2[5];
        int i;
        int topScore;
        int topIndex;
        stus[0] = new Student2("Jane", 'F', 85);
        stus[1] = new Student2("Tom", 'M', 72);
        stus[2] = new Student2("Jerry", 'M', 91);
        stus[3] = new Student2("Chris", 'F', 97);
        stus[4] = new Student2("John", 'M', 54);
        System.out.println("所有学生信息:");
        for (i = 0; i < stus.length; i++) {
            System.out.println(stus[i].name
                    + "\t" + stus[i].sex + "\t" + stus[i].javaScore);
        }
        // 找出成绩最好的学生
        topScore = stus[0].getJavaScore();
        topIndex = 0;
        for (i = 1; i < stus.length; i++) {
            if (topScore < stus[i].getJavaScore()) {
                topScore = stus[i].getJavaScore();
                topIndex = i;
            }
        }
```

```
            System.out.println("\n 成绩最好的学生是:");
            System.out.println(stus[topIndex].name
                    + "   " + stus[topIndex].sex + "  "
                    + stus[topIndex].javaScore + "  "
                    + stus[topIndex].getGrade());
            int totalScore = 0;
            // 所有学生的平均成绩
            for (i = 0; i < stus.length; i++) {
                totalScore + = stus[i].javaScore;
            }
            double ave = (double) totalScore / stus.length;
            System.out.println("\n 所有学生的平均成绩是：  " + ave);
        }
    }
```

定义主类 Student2Test，main()方法中定义对象数组 stus 用于保存 5 个学生的信息并按要求实现功能。

程序运行的输出为：

```
所有学生信息：
Jane      F      85
Tom       M      72
Jerry     M      91
Chris     F      97
John      M      54

成绩最好的学生是：
Chris     F      97    优秀

所有学生的平均成绩是：  79.8
```

读者可以尝试将为 stus[0]至 stus[4]赋值的语句去掉，再运行看看会出现什么结果，想想为什么。

7.3 方　　法

类的组成主要包括成员变量和成员方法两大部分，成员变量描述属性，成员方法描述行为。对象所具有的行为能力都是通过方法体现的。

基本数据类型作为方法参数、方法返回值类型的情形前面的章节已经讨论过，这里主要讨论对象即引用类型的数据作为方法参数和方法返回值时的情形。

7.3.1 对象作为方法参数

例程 7-6 Student.java, StudentTest3.java。

```java
package ch07;
public class StudentTest3 {
    //打印输出 Student 对象信息
    public void printStudent(Student stu){    //对象作为方法参数
        System.out.println("学生信息如下:");
        System.out.println("姓名:" + stu.getName());
        System.out.println("年龄:" + stu.getAge());
        System.out.println("专业:" + stu.getMajorClass());
    }
    public static void main(String[] args) {
        Student jerry = new Student("Jerry", 18, "计算机");
        StudentTest3 ob = new StudentTest3();
        //创建本类的对象ob,用来调用非 static 的 printStudent()方法
        ob.printStudent(jerry);
    }
}
```

程序运行的输出为:

```
学生信息如下:
姓名:Jerry
年龄:18
专业:计算机
```

这个应用程序由 Student 类(例程 7-1 中创建)和 StudentTest3 类两个类构成,StudentTest3 是程序的主类。

StudentTest3 中定义了成员方法 printStudent(Student stu)以 Student 类型的对象作为参数,main()方法中调用此方法时实际参数是 Student 的对象 jerry,参数传递时是将 jerry 的引用地址赋给了形式参数 stu,使得 stu 实际上是引用的 jerry 的对象空间,在方法体中对 stu 对象的任何操作都将影响到实际参数 jerry。

此外,main()方法是 static 的,static 上下文中不能直接访问非 static 的成员,而方法 printStudent(Student stu)是非 static 的,需要创建对象之后由对象才能调用之,故而 main() 方法中创建了本类的对象 ob:

```
StudentTest3 ob = new StudentTest3();
```

然后才能通过对象调用 printStudent(Student stu)方法:

```
ob.printStudent(jerry);
```

静态成员的相关内容后续章节会详细介绍。

7.3.2 从方法返回对象

方法的返回类型除了基本数据类型外,还可以是对象类型,即可以从方法返回对象。

例程 7-7　Person.java,PersonTest.java。

```
package ch07;
public class Person {
    String name;
    public Person(String nm) {
        name = nm;
    }
    public String getName() {
        return name;
    }
    public void setName(String nm) {
        name = nm;
    }
    //从方法返回对象
    public Person friend(String nm){
        Person myfriend = new Person(nm);
        return myfriend;
    }
}
```

Person 类中 public Person friend(String nm)方法的返回值类型为对象类型,return 后面带回类型兼容的返回值即可。

```
package ch07;
public class PersonTest {
        public static void main(String[] args) {
        Person tom = new Person("Tom");
        Person jerry = tom.friend("Jerry");
        System.out.println(tom.getName() + "和"
            + jerry.getName() + "是好朋友");
    }
}
```

程序运行的输出为:

```
Tom 和 Jerry 是好朋友
```

7.3.3 区别同名的方法局部变量与类成员变量:this 关键字

出现在类中各个不同位置的变量都是有其作用域的,在其作用范围内,这个变量才能使用。在相同的作用范围内,不能定义同名的变量。

在类体中、方法外声明的变量为类的成员变量,其作用域为整个类体。

方法的形式参数,以及方法体内部声明的变量,都属于局部变量,其作用域仅为方法体,一旦方法调用结束,这些局部变量也将消失。

局部变量和成员变量定义的位置不同,如图 7-3 所示。

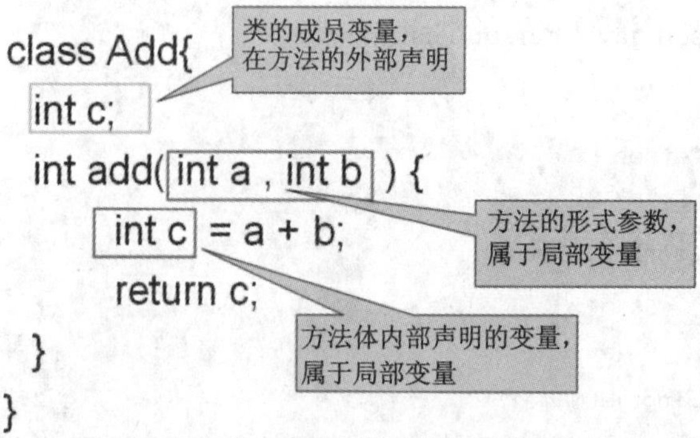

```
class Add{
    int c;              类的成员变量,
                        在方法的外部声明
    int add( int a , int b ) {
        int c = a + b;  方法的形式参数,
                        属于局部变量
        return c;
                        方法体内部声明的变量,
                        属于局部变量
    }
}
```

图 7-3 类成员变量与方法局部变量

设有如下的类定义:

```
public class SameName{
    int a;
    double a;
}
```

该类定义将不能通过编译,因为在相同的作用域内出现了重复的变量名 a。

如果将上述类定义改为:

```
public class SameName {
    int a=10;
    public void method() {
        int a = 20;
        System.out.println("a=" + a);
    }
}
```

则可以通过编译,但在 method()方法中,成员变量 a 和局部变量 a 都是有效的,这种情况下,作用域范围小的局部变量 a 将屏蔽作用范围大的成员变量 a。

例程 7-8 SameName.java,SameNameTest.java。

```
package ch07;
public class SameNameTest {
    public static void main(String[] args) {
        SameName ob = new SameName();
        ob.method();
    }
}
```

程序运行的输出为:

```
a=20
```

这个应用程序由上述 SameName 类和这里的 SameNameTest 类两个类构成。

运行结果说明在 method() 方法中有效的是局部变量 a。

如果希望在 method() 方法中使用成员变量 a, 可以使用关键字 this, 该关键字代表对对象自身的引用。

引用成员变量时可以加上 this 引用, 将 this 作为引用成员变量的前缀, 在出现成员变量与局部变量同名的情况时, 就可以区分了: 使用了 this 引用的是成员变量, 而无 this 引用的是局部变量。

例程 7-9　SameName2.java, SameNameTest2.java。

```
package ch07;
public class SameName2 {
    int a=10;
    public void method() {
        int a = 20;
        System.out.println("方法的局部变量 a=" + a);
        System.out.println("类的成员变量 a=" + this.a);
    }
}
```

在成员方法 method() 内部, 名字为 a 的局部变量名和成员变量名冲突, 对成员变量 a 使用 this 关键字进行引用即可以将其区分开来。

```
package ch07;
public class SameNameTest2 {
    public static void main(String[] args) {
        SameName2 ob = new SameName2();
        ob.method();
    }
}
```

程序运行的输出为:

方法的局部变量 a=20
类的成员变量 a=10

在成员变量与局部变量没有出现重名的情况下, 成员变量的 this 引用可以省略。this 引用还可以用在其他地方, 如构造方法的重载, 可以参考后续的章节。

7.3.4　构造方法

在项目 6 中简单介绍过, 构造方法是类中的特殊的方法, 在创建类的对象时将会调用构造方法, 构造方法一般实现对类的成员变量进行初始化的操作。

构造方法不同于成员方法, 从其定义形式上也可以体现出来:

◇ 构造方法名必须与所属的类名保持一致, 包括大小写(Java 是大小写敏感的语言)。

◇ 构造方法无返回类型, 连 void 都没有。

类中可以没有构造方法, 这个时候系统会自动为类添加一个无参且方法体为空的默认构造方法, 形如 public ClassName(){}。

◇如果类中定义了带参数列表的构造方法，则用 new 调用构造方法创建对象时，必须按照构造方法定义的形式参数给出相应的实际参数。这时系统也不会自动添加无参的构造方法了。

假设有如下类定义：

```
public class Abc{
public Abc() {           //[1]
   ……
}
public void  Abc() {     //[2]
   ……
}
public abc() {           //[3]
   ……
}
}
```

只有注释[1]处的方法是构造方法；注释[2]处的方法虽与类名相同，但声明了返回类型 void，故只是成员方法；注释[3]处则不能通过编译，既不是构造方法，也不符合成员方法的定义格式，编译时将报错。

例程 7-10　Book.java，BookTest.java。构造方法的定义和使用。

```
package ch07;
public class Book {
    String bookName; // 书名
    String bookAuthor; // 作者
    String press; // 出版社
    public Book(String bookName, String bookAuthor, String press) {
        this.bookName = bookName;
        this.bookAuthor = bookAuthor;
        this.press = press;
    }
    public String getBookAuthor() {
        return bookAuthor;
    }
    public void setBookAuthor(String bookAuthor) {
        this.bookAuthor = bookAuthor;
    }
    public String getBookName() {
        return bookName;
    }
    public void setBookName(String bookName) {
        this.bookName = bookName;
    }
```

```java
    public String getPress() {
        return press;
    }
    public void setPress(String press) {
        this.press = press;
    }
}
```

Book 类自定义了带参数列表的构造方法,系统不会再提供无参的默认构造方法,使用 new 关键字调用构造方法创建对象时,必须根据参数列表的定义(参数的个数、类型、顺序)给定相应的实际参数。

```java
package ch07;
public class BookTest {
    public static void main(String[] args) {
        //调用构造方法创建 Book 的对象
        Book one =
            new Book("Java2 实用教程","耿祥义等","清华大学出版社");
        Book two =
            new Book("Java 面向对象编程","孙卫琴","电子工业出版社");
        System.out.println("书目信息如下:");
        System.out.println("书名:" + one.getBookName()
            + ",作者:" + one.getBookAuthor() + ",出版社:" + one.getPress());
        System.out.println("书名:" + two.getBookName()
            + ",作者:" + two.getBookAuthor() + ",出版社:" + two.getPress());
    }
}
```

程序运行的输出为:

```
书目信息如下:
书名:Java2 实用教程,作者:耿祥义等,出版社:清华大学出版社
书名:Java 面向对象编程,作者:孙卫琴,出版社:电子工业出版社
```

为提高代码的可读性,构造方法的形式参数通常与成员变量同名,这时候要注意使用 this 关键字来引用成员变量,否则无法实现将参数值赋给成员变量而达到成员变量初始化的目的。读者可以将构造方法中各成员变量的 this 引用去掉,观察是不是如此。

7.3.5 方法重载

面向对象编程具有多态性的特征,简单地说,就是"对外一个接口,内部多种实现"。有时候,一种功能可能会有多种不同的实现方式。Java 支持方法重载(overload),可以在同一个类中定义多个名字相同但参数不同的方法。那么同一个方法名就是对外的统一接口,参数不同导致内部实现也不同,方法重载是面向对象编程多态特征的一种表现形式。

方法重载是编译时的多态,编译器在编译时刻确定具体调用哪个被重载的方法。

1. 定义和调用重载的方法

在 Java 中,定义重载的方法必须遵循以下原则:

◇ 方法名相同,包括大小写。

◇ 方法的参数列表必须不同,也就是参数的类型、个数、顺序至少有一项不同。编译器将参数列表的不同作为重载的判定依据。

◇ 方法的返回类型、修饰符可以相同,也可以不同,它们不作为重载的判定依据。

例如,为不同的数据类型实现加法功能,可以定义重载的 add()方法,当给定不同类型的参数时,进行不同类型的运算。

例程 7-11 AddOverload.java,OverloadTest.java。

```java
package ch07;
public class AddOverload {
    public int add(int a, int b) {
        System.out.println("int 版的方法被调用");
        return a + b;
    }
    public long add(long a, long b) {
        System.out.println("long 版的方法被调用");
        return a + b;
    }
    public double add(double a, double b) {
        System.out.println("double 版的方法被调用");
        return a + b;
    }
}
```

AddOverload 类定义重载的 add()方法,分别实现对 int 型、long 型和 double 型数据的加法运算。

```java
package ch07;
public class OverloadTest {
    public static void main(String[] args) {
        AddOverload ob = new AddOverload();
        System.out.println("2个 int 型数相加:" + ob.add(12, 34));
        System.out.println("2个 long 型数相加:" + ob.add(123L, 456L));
        System.out.println("2个 double 型数相加:" + ob.add(1.2, 3.4));
    }
}
```

程序运行的输出为:

```
int 版的方法被调用
2个 int 型数相加:46
long 版的方法被调用
2个 long 型数相加:579
double 版的方法被调用
2个 double 型数相加:4.6
```

当重载的方法被调用时,Java 编译器将根据实际参数的类型、个数和顺序来确定调用哪

个重载方法的版本。例如,将 System.out.println("2 个 long 型数相加:" + ob.add(123L, 456L));中 add()方法的两个参数的后缀 L 去掉,参数值就从 long 型的变为 int 型的了,将不会调用 public long add(long a, long b)方法,而是调用 public int add(int a, int b)方法了。

程序运行的输出将为:

```
int 版的方法被调用
2个 int 型数相加:46
int 版的方法被调用
2个 long 型数相加:579
double 版的方法被调用
2个 double 型数相加:4.6
```

2.构造方法的重载

构造方法也可以重载,在创建对象时可以调用不同版本的构造方法来进行初始化操作。在构造方法中可以使用 this 关键字调用其他版本的构造方法,减少重复编码。

用 this 关键字调用构造方法的格式如下:

```
this(参数列表)
```

例程 7-12 ContactPerson.java。

```java
package ch07;
public class ContactPerson {
    String name;
    String selfphone;
    String email;
    // 构造方法只初始化联系人姓名
    public ContactPerson(String name) {
        this.name = name;
    }
    // 构造方法初始化联系人的姓名和电话
    public ContactPerson(String name, String selfphone) {
        this.name = name;               //[1]
        this.selfphone = selfphone;
    }
    // 构造方法初始化联系人的姓名、电话和 email
    public ContactPerson(String name, String selfphone, String email) {
        this(name, selfphone);          //[2]
        this.email = email;
    }
    public String getName() {
        return name;
    }
    public void setName(String name) {
        this.name = name;
    }
```

```java
        public String getSelfphone() {
            return selfphone;
        }
        public void setSelfphone(String selfphone) {
            this.selfphone = selfphone;
        }
        public String getEmail() {
            return email;
        }
        public void setEmail(String email) {
            this.email = email;
        }
    }
```

ContactPerson 类根据联系人信息的完整程度,定义了三个版本的重载的构造方法以适应不同的情况。

```java
    package ch07;
    public class OverloadTest2 {
        public static void main(String[] args) {
            ContactPerson no1 = new ContactPerson("Tom");
            System.out.println("只知姓名的联系人:" + no1.getName());
            ContactPerson no2 =
                    new ContactPerson("Jerry", "13812345678");
            System.out.println("知道姓名、电话的联系人:"
            + no2.getName() + "  " + no2.getSelfphone());
            ContactPerson no3 =
                new ContactPerson("Jane", "13887654321", "jane@ abc.com");
            System.out.println("知道姓名、电话和 email 的联系人:"
             + no3.getName() + "  " + no3.getSelfphone()
            +"  " + no3.getEmail());
        }
    }
```

程序运行的输出为:

只知姓名的联系人:Tom
知道姓名、电话的联系人:Jerry 13812345678
知道姓名、电话和 email 的联系人:Jane 13887654321 jane@ abc.com

第三个版本的构造方法中,利用 this 调用了第二个版本的构造方法,见注释[2]处,第二个版本的构造方法实现了给 name 和 selfphone 初始化,直接调用之,在第三个版本的构造方法中就不必重复书写初始化语句了。事实上,注释[1]处也可以换成 this 调用构造方法 this(name)。

在 OverloadTest2 中,根据联系人信息的完整程度不同,分别调用了不同版本的构造方法,创建了联系人对象,具体调用哪个版本的构造方法由调用时给定的实际参数列表与形参列表匹配而定。

需要注意的是:重载构造方法时,若要使用 this 调用其他版本的构造方法,则该 this 调用语句必须作为构造方法的方法体中的第一条语句。

7.4 类的静态成员

7.4.1 static 关键字

static 意为静态的,Java 中用 static 关键字来表示类的静态成员。静态成员与非静态成员所处的存储空间不同,生命期也不一样。

类中有 static 修饰的变量和方法叫作类的静态变量、静态方法,统称为类的静态成员。而无 static 修饰的则可相对地称为动态成员。

类的静态变量也称作类变量或域(field),无 static 修饰的成员变量也称作实例变量。无 static 修饰的成员方法也称作实例方法。

类的静态成员,不依赖于类的实例,在不创建类对象的情况下就可以直接通过类名来访问,并且这些静态成员被类的所有实例所共享。

类的静态成员的使用格式如下:

类名.静态变量名
类名.静态方法名(参数列表)

1. static 变量

静态变量与实例变量的区别:

◇ Java 虚拟机只给静态变量分配 1 次内存,静态变量在内存中只有一个拷贝,任何类的实例对静态变量的修改都将有效。

◇ 实例变量依赖于类的实例,即具体的对象,每创建一个对象,就为该对象的实例变量分配一次内存,各个对象的实例变量占用不同的内存空间,互不干扰,对象对各自实例变量的修改不会影响到其他对象的实例变量。

在类的内部,可以在任何方法内部访问静态变量,在没有变量重名的情况下静态变量名前面可以不用带前缀。而在其他类中,可以通过类名来访问静态变量。

例程 7-13 MyCircle.java,StaticTest1.java。

```
package ch07;
public class MyCircle {
    public static double PI = 3.14;
    double radius; // 半径
    public MyCircle(double radius) {
        this.radius = radius;
    }
    public double perimeter() {
        return 2 * PI * radius;
    }
```

```java
    public double area() {
        return PI * radius * radius;
    }
}
```

MyCircle类中声明 PI 为静态成员变量,则 PI 可以被所有 MyCircle 的实例共享,使用 MyCircle.PI 引用即可。

```java
package ch07;
public class StaticTest1 {
    public static void main(String[] args) {
        MyCircle aCircle = new MyCircle(10);
        double perimeter1 = aCircle.perimeter();
        System.out.println("半径为 10 的圆周长为:" + perimeter1);
        double perimeter2 = 2 * MyCircle.PI * 5; // [1]
        System.out.println("半径为 5的圆周长为:" + perimeter2);
    }
}
```

在 StaticTest1 类中可以直接使用 MyCircle 类中定义的静态变量,使用时需要用类名来引用,如注释[1]处。

除用类名访问静态变量之外,也可以使用对象名来引用类的静态变量,就像引用实例变量那样,在类内部还可以使用 this 来引用静态变量。

类的静态变量主要有如下两个作用:

◇ 能被类的所有实例共享,可以作为实例之间共享的数据。

◇ 如果类的所有实例都需要一个相同的常量数据成员,可以把这个数据成员定义为静态的,从而节省内存空间。若要将变量的值固定为常量,则应在变量的类型前加上 final 关键字,如上例中可以把 PI 声明为静态常量,避免错误地修改 PI 值。

```java
public static final double PI=3.14;
```

2. static 方法

方法的返回类型前加 static 关键字修饰的成员方法即为类的静态方法。与静态变量类似,类的静态方法也不依赖于类的实例,不需要创建类的对象就可以通过类名来调用。

例程 7-14 StaticTest2.java。

```java
package ch07;
public class StaticTest2 {
    public static void main(String[] args) {
        int sum1 = add(3, 7);     //[1]
        System.out.println("sum1 = " + sum1);
        int sum2 = StaticTest2.add(2, 4);    //[2]
        System.out.println("sum2 = " + sum2);
    }
    public static int add(int a, int b) {
        return a + b;
    }
}
```

StaticTest2 类中 add 方法被定义为 static 的静态方法,在本类的 main()方法中调用 add()时可以不带前缀,如注释[1]处,如果在其他类中调用 StaticTest2 类的静态方法 add(),就必须带类名前缀来进行调用了,如注释[2]处。

7.4.2 成员与静态方法的关系

静态方法是随类加载的,只要类存在,静态方法就可以调用、执行。而实例变量、实例方法这些非静态的成员都是依赖于类的实例的,必须在类对象存在的前提下,才可以使用实例变量和实例方法。因此,静态上下文(静态方法的方法体)中不能直接访问实例变量和实例方法,而必须先创建类的对象,再由对象来引用实例变量和实例方法。

例程 7-15 StaticTest3.java。

```
package ch07;
public class StaticTest3 {
    int a = 10;    //实例变量
    int b = 20;
    public static void main(String[] args) {
        int sum = a+b;    //编译错误
        System.out.println("sum = " + sum);
    }
}
```

试图在静态上下文(main()的方法体)中直接访问实例变量 a 和 b,开发环境将会报编译错误,如图 7-4 所示。

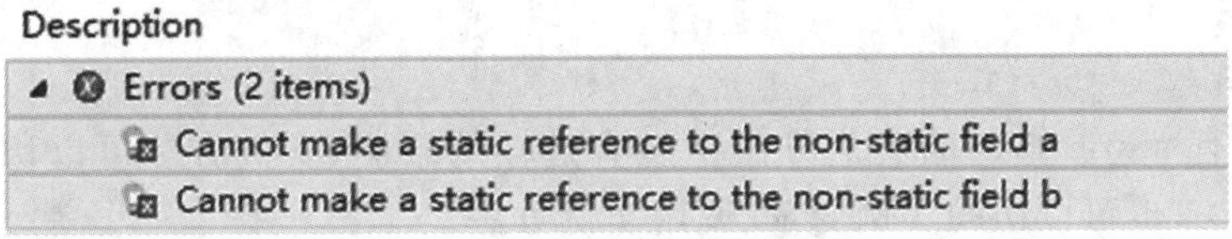

```
Description
▲ ⊗ Errors (2 items)
      Cannot make a static reference to the non-static field a
      Cannot make a static reference to the non-static field b
```

图 7-4 编译错误消息

该消息表示:不能在静态上下文中访问非静态的 a 和 b。

main()作为 Java 应用程序的执行入口,是静态方法,Java 虚拟机只要加载了 main()所属的类,就能执行 main()方法了,无须先创建类的对象,也因为这个原因,可以在 main()中利用 new 调用类的构造方法来创建本类的对象。事实上,在其他的静态方法中也可以创建本类的对象。

在本例中,由于 a 和 b 均为非 static 的实例变量,它们在类的对象创建之后才会被分配内存而存在,在静态的 main()方法中不能直接对其进行引用。

解决上述问题的方法有两种。一种是将 a 和 b 改为 static 变量,则它们与 main()方法一样是静态成员,都随类加载,不依赖于对象的存在与否,在 main()中可以访问它们,在其他的静态方法中也可以访问,如下所示:

```
static int a = 10;
static int b = 20;
```

另一种解决方法是:静态的 main()方法中先创建类的对象,再用对象来访问这些实例变量，如下所示：

```
StaticTest3 ob = new StaticTest3();
int sum = ob.a + ob.b;
```

如果在静态方法中调用实例方法，又会出现什么情况呢？请见下述例程 7-16。

例程 7-16 StaticTest4.java。

```
package ch07;
public class StaticTest4 {
    public static void main(String[] args) {
        int sub = sub(12, 5);      //编译错误
        System.out.println("sub = " + sub);
    }
    public int sub(int a, int b) {   //实例方法
        return a - b;
    }
}
```

与试图在静态上下文中访问实例变量的情形类似，这里的问题也是因为实例方法依赖于类的实例，故在静态上下文中不能直接调用实例方法。

解决方法有二。一是改 sub() 方法为静态方法，如下所示：

```
public static int sub(int a, int b) {
        return a - b;
}
```

另一种解决办法：静态的 main() 中先创建类的对象，再调用实例方法，如下所示：

```
StaticTest4 ob = new StaticTest4();
int sub = ob.sub(13, 5);
```

反过来，没有 static 修饰的实例方法中没有这样的限制，实例方法可以访问类的静态变量、调用静态方法，也可以访问实例变量、调用实例方法。

7.5 继 承

7.5.1 类的继承

面向对象程序设计中的继承同现实生活中的继承有相似之处，看到"继承"这个词会想起一个词语：子承父业。在现实生活中，继承应该具备两个必要条件：一是必须要有父辈，二是必须要有子辈。类似的，在 Java 语言中继承是针对类来说的，继承有父类和子类。

继承允许创建分等级层次的类。运用继承，能够创建一个通用类，它定义了一系列相关类的一般特性，该类可以被更具体的类继承，每个具体的类都增加一些自己特有的元素（属性或方法）。被继承的类叫父类（superclass），也称为超类，继承父类的类叫子类（subclass）。子类继承了父类定义的所有实例变量和方法，并且可以为它自己增添独特的元素。

Java 的所有类都直接或间接地继承自 java. lang. Object 类。类定义时如果没有使用 extends 关键字声明继承某个类，实际上是隐式继承了 Object 类。

类的继承示例如图 7-5 所示。

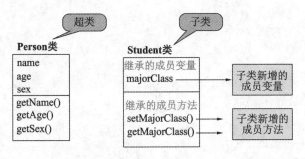

图 7-5 类的继承

Java 中类的继承用关键字 extends 实现，用继承来定义一个新类的格式如下所示：

```
class  SonClass  extends  SuperClass {
    ……
}
```

表示 SonClass 类继承了 SuperClass 类，将继承 SuperClass 的非 private 的成员。private 是访问控制修饰符，被 private 修饰的变量和方法都只能在本类中访问，相关内容可参考后续章节。

与 C++不同的是，Java 是单继承的，一个子类只能有一个直接的父类，如果出现类似如下的类定义，编译时将会报错：

```
class  SonClass  extends  SuperClass1,SuperClass2,SuperClass3,…{
    ……
}
```

下面是一个继承的示例，定义一个描述人的共有信息的父类，社会关系中各种各样不同的人就可以从这个类继承而来，再添加上能表现自己独特性的属性和方法即可。

例程 7-17 Super_Person. java，Son_Student. java，Son_Student_Test. java。

```java
package ch07;
public class Super_Person {
    String name;
    String sex;
    int age;
    public Super_Person(){
    }
    public Super_Person(String name, String sex, int age) {
        this.name = name;
        this.sex = sex;
        this.age = age;
    }
    public String getName() {
        return name;
```

```java
        }
        public void setName(String name) {
            this.name = name;
        }
        public String getSex() {
            return sex;
        }
        public void setSex(String sex) {
            this.sex = sex;
        }
        public int getAge() {
            return age;
        }
        public void setAge(int age) {
            this.age = age;
        }
        public void display() {
            System.out.println("This person's information : ");
            System.out.println("Name : " + name);
            System.out.println("Sex : " + sex);
            System.out.println("Age : " + age);
        }
    }
```

Super_Person 类将作为父类，派生具有自己独特特征的一类特殊的人——学生。

```java
    package ch07;
    public class Son_Student extends Super_Person {
        String majorClass; // 新增属性：专业班级
        public Son_Student
        (String name, String sex, int age, String majorClass) {
            super(name, sex, age); // 调用父类的构造方法
            this.majorClass = majorClass;
        }
        // 新增方法
        public String getMajorClass() {
            return majorClass;
        }
        public void setMajorClass(String newMajorClass) {
            majorClass = newMajorClass;
        }
        // 重写父类的 display 方法
        public void display() {
            System.out.println("This Student's information : ");
```

```
            System.out.println("Name : " + name);
            System.out.println("Sex : " + sex);
            System.out.println("Age : " + age);
            System.out.println("Major Class : " + majorClass);
        }
    }
```

在子类 Son_Student 中，虽然只有 1 个成员变量的定义，但事实上包含 4 个成员变量，其中 3 个从父类 Super_Person 继承而来。构造方法实现给所有 4 个成员变量进行初始化操作。其中 super(name,sex,age)的作用是调用父类 Super_Person 的构造方法，实现对从父类继承来的 3 个变量进行初始化操作。

成员方法也是如此，除了子类特有的新增成员变量 majorClass 的 getter 和 setter 方法外，还有其他 3 个变量的 getter 和 setter 方法从父类继承而来。

父类中包含显示信息的 display()方法，而对于 Son_Student 而言，需要显示的信息还要包括代表学生独有属性的部分，即 majorClass，则父类的 display()方法对于子类不适用，但方法的功能是一样的，这时候子类可以定义一个跟父类同名的方法，返回类型、参数列表都相同，这样子类方法就覆盖(或叫重写)了父类的方法，子类对象调用 display()方法时调用的就是子类的版本了。

```
package ch07;
public class Son_Student_Test {
    public static void main(String[] arg) {
        Son_Student jane
        = new Son_Student("Jane", "female", 19, "Computer");
        jane.display(); // 调用的是子类重写的方法
    }
}
```

程序运行的输出为：
```
This Student's information :
Name : Jane
Sex : female
Age : 19
Major Class : Computer
```

7.5.2 方法重写

一般情况下，子类继承了父类的方法，子类对象在调用继承而来的方法的时候，调用和执行的是父类的实现。但是，有的时候子类需要对继承而来的方法进行不同的实现。例如，动物类都存在跑的方法，从动物类派生出马和猎豹，马和猎豹跑的形态是各不相同的，因此从父类动物类继承的跑的方法需要两种不同的实现，这就需要重新编写父类中的方法，即进行方法的重写。

重写父类方法就是修改它的实现(方法体)或者说在子类中重新编写。

例程 7-18 Animal.java,Horse.java,Cheetah.java,OverrideTest.java。

```java
package ch07;
public class Animal {
    String name;
    Animal() {
    }
    Animal(String name) {
        this.name = name;
    }
    void move() {
        System.out.println(name + " 跑...");
    }
}
```

```java
package ch07;
public class Horse extends Animal {
    public Horse() {
    }
    public Horse(String name) {
        super(name);
    }
    void move() { //方法重写
        System.out.println(name + " 一日千里...");
    }
}
```

```java
package ch07;
public class Cheetah extends Animal {
    public Cheetah() {
    }
    public Cheetah(String name) {
        super(name);
    }
    void move() { //方法重写
        System.out.println(name + " 风驰电掣...");
    }
}
```

```java
package ch07;
public class OverrideTest {
    public static void main(String[] args) {
        Horse horse=new Horse("汗血宝马");
        Cheetah cheetah = new Cheetah("猎豹");
        horse.move(); //调用的是子类重写的版本
        cheetah.move();//调用的是子类重写的版本
    }
}
```

程序运行的输出为：

　　汗血宝马 一日千里...

　　猎豹 风驰电掣...

需要注意的是，方法重载（overload）和方法重写（override）名称相似，但意义有所不同：

◇ 方法重写要求参数列表必须一致，而方法重载要求参数列表必须不一致；

◇ 方法重写要求返回类型必须一致，而方法重载对此不做限制；

◇ 方法重写只能用于子类重写父类的方法，方法重载用于同一个类的所有方法（包括父类中继承而来的方法）；

◇ 方法重写对访问权限和抛出异常有特殊的要求，而方法重载在这方面没有任何限制；

◇ 父类的一个方法只能被子类重写一次，而一个方法在所在的类中可以被重载多次。

7.5.3 super 关键字

如果类的成员变量与局部变量重名，类的成员变量将被隐藏，如果要使用类的成员变量，需要使用 this 引用之。

在继承关系中，也存在类似的问题：

◇ 若子类中定义了与父类同名的成员变量，则父类的成员变量被隐藏。

◇ 若子类的方法中定义了与父类成员变量同名的局部变量，则父类的成员变量被隐藏。

◇ 若子类中定义了与父类相同的成员方法（同方法名，同参数列表，同返回类型），则父类方法被覆盖（重写），在子类范围内，父类方法不可见。

解决继承关系中类变量或方法不可见的问题，需要使用关键字 super。

顾名思义，super 可以用来引用继承自父类的成员。super 的使用有如下几种形式。

super.变量名：引用父类成员变量。

super.方法名(参数列表)：调用父类成员方法。

super(参数列表)：调用父类构造方法。

在子类构造方法中调用父类的构造方法以实现对继承自父类的成员变量的初始化，如 Son_Student 类的构造方法中的语句：super(name,sex,age)。同 this(参数列表)调用本类构造方法一样，super(参数列表)调用也应出现在构造方法体的第一条语句处。

在下述的例程 7-19 中，父类 SuperClass 和子类 SonClass，都包含名为 data 的成员变量和成员方法 method()。子类 SonClass 中可以通过 super 关键字访问到父类 SuperClass 中的成员变量 data 和成员方法 method()。

例程 7-19 SuperClass.java，SonClass.java。

```
package ch07;
public class SuperClass {
    String data = "父类的成员变量";
    public void method() {
        System.out.println("正调用父类的方法 method()……");
    }
}
```

```java
package ch07;
public class SonClass extends SuperClass {
    String data = "子类的同名变量"; // 隐藏了父类同名变量 data
    public void method() { // 重写父类方法 method()
        System.out.println("正调用子类 SonClass 重写的方法 method()……");
    }
    //SonClass 新增的方法
    public void method2() {
        String data = "子类 method2()方法的局部变量";
        // 子类局部变量也隐藏父类同名变量
        // 同时也隐藏本子类的同名成员变量
        System.out.println("data is :" + data);
        System.out.println("this.data is :" + this.data);
        System.out.println("super.data is :" + super.data);
        System.out.print("直接调用 method() :");
        method();
        System.out.print("this.method() :");
        this.method();
        System.out.print("super.method() :");
        super.method();
    }
    public static void main(String[] args) {
        SonClass ob = new SonClass();
        ob.method2();
    }
}
```

程序运行的输出为：

```
data is:子类 method2()方法的局部变量
this.data is:子类的同名变量
super.data is:父类的成员变量
直接调用 method():正调用子类 SonClass 重写的方法 method()……
this.method():正调用子类 SonClass 重写的方法 method()……
super.method():正调用父类的方法 method()……
```

观察程序运行的输出结果，体会 this 与 super 的作用。

7.5.4 继承中的 final 修饰符

继承和方法重写虽然应用广泛，但有时候也可能不希望从类派生子类，或不希望类中的方法会被重写。比如，出于安全考虑，类的实现细节不允许被改动，或者不允许子类覆盖父类的某个方法，这时候就可以对类或成员方法使用 final 修饰符。

final 有不可改变的含义，可以用于修饰类、成员方法以及成员变量。

定义类时，在 class 关键字前可以加上 final 修饰符，则这个类将不能再派生子类，即不能被其他类所继承。例如：

```
public final class A{
    ……
}
```

则类 A 不可被继承。

声明类的成员方法时,在返回类型前可以加上 final 修饰符,则方法所属的类被继承时,这个方法不会被重写。例如:

```
public final void method(){
    ……
}
```

final 修饰成员变量与继承无关,它表示的是变量一经赋值,其值将不能改变,也就是通过 final 可以定义常量,常量名一般全部大写。例如:

```
final int MAX_NUM= 100;
```

如果程序中试图修改由 final 修饰的 MAX_NUM 的值,将会产生编译错误。

7.6 抽象类与接口

7.6.1 抽象类与抽象方法

Java 中可以用 abstract 修饰符修饰类和成员方法。

◇ 用 abstract 修饰的类为抽象类。在类的继承体系中,抽象类常位于顶层。抽象类不能被实例化,即不能创建抽象类的对象。

◇ 用 abstract 修饰的方法为抽象方法,抽象方法没有方法体,一般用来描述具有什么功能,而不提供具体的实现。

例如下述代码中 AbstractClass 为抽象类,它包含一个抽象方法 method1()和一个具体方法(无 abstract 修饰符的非抽象方法)method2()。

```
public abstract class AbstractClass{
    public abstract void method();
        //抽象方法,无方法体,连方法体的{}也没有
    public void method2(){
        //具体方法,即便方法体为空,{}也不能省略
        ……
    }
}
```

◇抽象类和抽象方法的一些注意事项:

抽象类中可以包含构造方法、成员变量、具体方法,甚至可以没有抽象方法,但包含了抽象方法的类必须定义为抽象类,否则编译出错。例如下述代码中,Son 类继承 Father 类,重写了抽象方法 m1(),为其提供了具体实现,而没有提供抽象方法 m2()的实现,则 Son 类中包含抽象方法 m2(),因此 Son 类必须被声明为 abstract 的,否则编译报错。

```
abstract class Father{
    abstract void m1();
    abstract void m2();
}
class Son extends Father{    //包含 abstract 的 m2(),编译出错
    void m1(){    //即使方法体为空,也是具体方法
    }
}
```

◇ 没有抽象的构造方法,也没有静态的抽象方法,即 static 和 abstract 不能一起修饰方法。

◇ 抽象类与抽象方法不能被 final 修饰。抽象类存在的意义就是为了被继承,抽象方法存在的意义是为了被重写(或称作被实现:抽象方法无方法体,重写抽象方法是对抽象方法的具体实现),而 final 所代表的含义正与其相反,final 修饰类和成员方法分别代表类不可被继承和方法不可被重写,abstract 与 final 是自相矛盾的,故不可一起使用。

抽象类不可实例化。例如,老虎、猴子、狮子都是具体类,自然界有它们的实例,动物类是它们的父类,是抽象类,自然界并不存在动物类本身的实例。

7.6.2 接口

Java 中的接口(interface)使抽象类的概念更深入一层。外界观察一个对象,主要关注对象提供了什么服务,至于服务在对象内部是如何具体实现的,外部并不关心。对象所提供的服务由方法实现,因此,对象中所有外界能使用的方法的集合,就构成了对象与外界进行交互的"界面",即接口。

在语法上,接口类似于抽象类,但比抽象类更抽象,接口中只声明方法,但不定义方法体,不能包含具体方法。接口只声明能做什么,但不声明怎么做,怎么做将由实现接口的类来确定。可以认为,接口就是一个行为的协议或规范,实现一个接口的类将具有接口规定的行为,并提供具体实现。

接口的定义格式:

```
[public]interface InterfaceName [extends SuperInterface]{
    //接口体
}
```

其中,接口体与类体类似,也包含成员变量和成员方法,但有一些限制:

◇ 接口中的成员变量默认都是 public、static、final 类型的,即都是静态常量,必须显式地进行初始化。

◇ 接口中的方法默认都是 public、abstract 类型的,即都是抽象方法,无方法体,不提供具体实现。

以下代码就是一个合法的接口定义:

```
public interface Computable {
    public static final double PI = 3.1415926;
    public abstract double sum( double x, double y);
    public double sub(double x, double y);
    //即使缺省 abstract,系统也会自动添加
}
```

◇ 接口没有构造方法,不能创建接口的对象。

类声明时可以使用 implements 子句来表示类实现某个或某些接口。接口声明了一些行为规范,实现接口的类将具有这些行为规范,但必须提供所有行为的实现细节,即实现接口的类必须重写接口中的所有抽象方法。

如果一个类实现多个接口,各个接口之间用逗号","分隔。

类实现接口的格式如下:

```
class 类名 implements 接口名 [,接口2,……] {
    //各个方法的具体实现
}
```

下面的代码是一个接口及类实现接口的简单例子:

```
public interface AnimalCry{
    public void cry();
}
class Dog implements AnimalCry {
    public void cry(){
        System.out.println("汪汪汪…");
    }
}
class Cat implements AnimalCry {
    public void cry(){
        System.out.println("喵喵喵…");
    }
}
```

动物都能发出叫声,在 AnimalCry 接口中定义该行为规范 cry(),但不同的动物叫声不同,Dog 和 Cat 对这个行为规范有不同的具体实现。

下面是一个接口及其实现类的示例。类实现接口时,需要实现接口的所有抽象方法,将行为具体化,类可以使用接口中定义的常量。事实上,类实现接口也是一种继承,故类继承了接口中的常量。

例程 7-20 Inter_Shape.java,Circle.java,Rect.java,Inter_Shape_Test.java。

```
package ch07;
public interface Inter_Shape {
    public static final double PI = 3.14;
    public double area();
    public double length();
}
package ch07;
public class Circle implements Inter_Shape {
    double radius;
    public Circle(double radius) {
        this.radius = radius;
    }
}
```

```
            public double area() {
                return PI * radius * radius;
            }
            public double length() {
                return 2 * PI * radius;
            }
        }
```

```
        package ch07;
        public class Rect implements Inter_Shape {
            double width;
            double height;
            public Rect(double width, double height) {
                this.width = width;
                this.height = height;
            }
            public double area() {
                return width * height;
            }
            public double length() {
                return 2 * (width + height);
            }
        }
```

```
        package ch07;
        public class Inter_Shape_Test {
            public static void main(String[] args) {
                Circle circle = new Circle(5);
                Rect rect = new Rect(10, 6);
                System.out.println("圆面积:" + circle.area());
                System.out.println("圆周长:" + circle.length());
                System.out.println("矩形面积:" + rect.area());
                System.out.println("矩形周长:" + rect.length());
            }
        }
```

程序运行的输出为：

```
圆面积:78.5
圆周长:31.400000000000002
矩形面积:60.0
矩形周长:32.0
```

7.6.3　接口实现多继承效果

　　Java 是单继承的，一个类只能有一个直接父类，但利用接口，可以达到多继承的效果。因为一个类可以实现多个接口，并继承了所实现的所有接口中的静态常量，以及所有的抽象方法。若实现这些接口的类不是抽象类,则这个类要提供所有这些方法的实现。

设有如下的类定义:

```
class A implements B,C,D {
    ……
    //必须重写接口 B、C、D 中的抽象方法
}
```

类 A 继承了接口 B、C、D 的所有静态常量和所有方法,但在类 A 中必须重写这些方法,具体实现接口的行为。

下面是一个类实现多个接口从而实现多继承效果的示例。

例程 7-21 Inter_Area_Volume.java,Inter_Color.java,Circle2.java,Inter_Test2.java。

```
package ch07;
public interface Inter_Area_Volume {
    public static final double PI = 3.14159;
    public abstract double area();
    public abstract double volume();
}
```

```
package ch07;
public interface Inter_Color {
    public abstract void setColor(String color);
}
```

```
package ch07;
public class Circle2 implements Inter_Area_Volume, Inter_Color {
    double radius;
    Stringcolor;
    public Circle2(double radius) {
        this.radius = radius;
    }
    // 实现接口 Inter_Area_Volume 的方法
    public double area() {
        return PI * radius * radius;
    }
    public double volume() {
        return 4 * PI * radius * radius * radius / 3;
    }
    // 实现接口 Inter_Color 的方法
    public void setColor(String color) {
        this.color = color;
    }
    StringgetColor() {
        return color;
    }
}
```

```java
package ch07;
public class Inter_Test2 {
    public static void main(String args[]) {
        Circle2 c = new Circle2(4);
        System.out.println("Circle area = " + c.area());
        System.out.println("Circle volume = " + c.volume());
        c.setColor("BLUE");
        System.out.println("Circle color = " + c.getColor());
    }
}
```

程序运行的输出为：

```
Circle area = 50.26544
Circle volume = 268.08234666666664
Circle color = BLUE
```

创建类时，还可以让这个类既继承某个类，又实现某个或某些接口，让这个类具备更多的属性和行为，达到多继承的效果。

设有如下的类定义：

```
class A extends B implements C,D{
    ……
    //必须重写接口 C、D 中的方法
}
```

则类 A 将继承类 B 的非 private 的成员变量、成员方法，继承接口 C、D 的静态常量，并要实现接口 C、D 的所有方法。

以下的例程仍使用例程 7-21 中的 2 个接口 Inter_Area_Volume 和 Inter_Color，新增类 Display，新增类 Circle3 类将继承类 Display，并实现 2 个接口。

例程 7-22 Display.java, Circle3.java, Inter_Test3.java。

```java
package ch07;
public class Display {
    public void heading() {
        System.out.println("以下是这个图形的基本信息：");
    }
}
```

```java
package ch07;
public class Circle3 extends Display
    implements Inter_Area_Volume, Inter_Color {
    double radius;
    String color;
    public Circle3(double radius){
        this.radius = radius;
    }
    // 实现接口 Area_Volume 的方法
    public double area(){
```

```
            return PI * radius * radius;
        }
        public double volume() {
            return 4 * PI * radius * radius * radius / 3;
        }
        // 实现接口 Color 的方法
        public void setColor(String color) {
            this.color = color;
        }
        String getColor() {
            return color;
        }
}
package ch07;
public class Inter_Test3 {
    public static void main(String args[]) {
        Circle3 c = new Circle3(2);
        c.heading(); // 继承自类 Display 的方法
        System.out.println("Circle area = " + c.area());
        System.out.println("Circle volume = " + c.volume());
        c.setColor("Red");
        System.out.println("Circle color = " + c.getColor());
    }
}
```

程序运行的输出为：

```
以下是这个图形的基本信息：
Circle area = 12.56636
Circle volume = 33.51029333333333
Circle color = Red
```

接口还可以继承接口，而且与类继承类不同的是，一个接口可以利用 extends 继承多个接口，也是多继承效果的一种体现。

设有如下的接口定义：

```
interface A extends B,C{
    //接口 A 的静态常量和抽象方法
}
```

则：B、C 必须都是接口，接口 A 继承了接口 B、C 的所有静态常量和抽象方法，但并不实现任何的方法。

已有如上所示的接口 A，那么如下的类定义：

```
class ClassA implements A{
    ……
    //实现 A 的所有抽象方法
}
```

类 ClassA 实现接口 A 就要实现其所有的抽象方法,这些方法除了接口 A 自身包含的抽象方法之外,还包括接口 A 从所有父接口继承而来的抽象方法。

7.7 类的转型

7.7.1 向上转型

我们经常说"老虎是哺乳动物""狗是哺乳动物"等,若哺乳类是老虎类的父类,这样说当然正确,但当说老虎是哺乳动物时,老虎将失掉老虎独有的属性和功能。Java 中的子类对象就好比是老虎,父类对象就好比是哺乳动物,为解决此问题,提出了对象的向上转型。

假设,A 类是 B 类的父类,当我们用子类创建一个对象,并把这个对象的引用放到父类的对象中时,比如:

```
A a = new B();
A a; B b=new B(); a = b;
```

我们称父类对象 a 是子类对象 b 的上转型对象,就好比"老虎是哺乳动物"。

对象的上转型对象的实体是子类负责的,但上转型对象会失去原对象的一些属性和功能。上转型对象具有图 7-6 所示的特点。

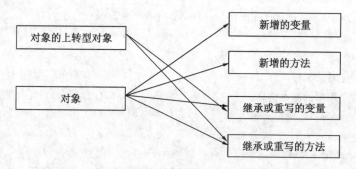

图 7-6 上转型对象特点

对象的上转型即将子类实例化的对象的引用赋给用父类声明的变量,在这里上转型对象中隐去了子类中实现过而父类中不存在的属性和方法。然而,若用上转型对象调用子类中重写过的方法,则调用的是子类中已经重写的方法,而非父类中的方法,引用属性也如此。可以将对象的上转型对象再强制转换到一个子类对象,这时该子类对象将又具备子类的所有功能和属性。

例程 7-23 UpercaseDemo.java。

```
package ch07;
class Human {
    public void drink() {
        System.out.println("Human");
    }
}
```

```
}
class YongMan extends Human {
    public void drink() {
        System.out.println("YongMan");
    }
}
/*
 * 一个 Java 源文件包含多个 class 时,只允许一个 class 声明为 public 的
 * 且源文件名须与 public 的类名相同
 */
public class UpercaseDemo {
    public static void main(String arge[]) {
        Human human = new YongMan();// [1]
        human.drink(); // [2]
    }
}
```

程序运行的输出为:

```
YongMan
```

在 UpercaseDemo 类中,注释[1]处是指父类对象 human 是子类 YongMan 对象的上转型对象。

上转型对象不能操作子类新增的成员变量(失掉了这部分属性),不能使用子类新增的方法(失掉了一些功能)。上转型对象可以操作子类继承或者隐藏的成员变量,也可以使用子类继承的或者重写的方法。上转型对象操作子类继承或重写的方法,其作用等价于子类对象去调用这些方法。因此,如果子类重写了父类的某个方法,则当对象的上转型对象调用这个方法时,一定是调用了这个重写的方法。注释[2]处调用的是 YongMan 类中的重写的 drink() 方法。

7.7.2 向下转型

向下转型指的是父类对象对子类对象转型。若父类对象引用指向的实际是一个子类对象,则这个父类对象可使用强制类型转换转换为子类对象。

在下述的例程 7-24 中,将父类 MySuperClass 对象和子类 MySubClass 对象进行相互转换。

例程 7-24 ClassExchangeDemo.java。

```
package ch07;
class MySuperClass {
    int a = 5, b = 8, c = 85;
    void show() {
        System.out.println("a*b=" + (a * b));
    }
}
```

```java
    class MySubClass extends MySuperClass {
        int b = 26, d = 32;
        void show() {
            System.out.println("b+d=" +  (b + d));
        }
    }
    public class ClassExchangeDemo {
        public static void main(String args[]) {
            MySuperClass super1, super2; // 声明父类对象
            MySubClass sub1, sub2; // 声明子类对象
            super1 = new MySuperClass();
            sub1 = new MySubClass();
            System.out.println("super1.a="
            + super1.a + "\tsuper1.b=" + super1.b + "\tsuper1.c=" + super1.c);
            super1.show();
            System.out.println("sub1.b="
            + sub1.b + "\tsub1.c=" + sub1.c + "\tsub1.d=" + sub1.d);
            sub1.show();
            super2 = (MySuperClass) sub1; // 子类对象转换为父类对象
            System.out.println("super2.a="
            + super2.a + "\tsuper2.b=" + super2.b + "\tsuper2.c=" + super2.c);
            System.out.println("super2.show( ):\t");
            super2.show();
            sub2 = (MySubClass) super2; // 父类对象转换为子类对象
            System.out.println
            ("sub2.a=" + sub2.a + "\tsub2.b=" + sub2.b + "\tsub2.d=" + sub2.d);
            System.out.println("sub2.show( ):\t");
            sub2.show();
        }
    }
```

程序运行的输出为：

```
super1.a=5     super1.b=8     super1.c=85
a*b=40
sub1.b=26      sub1.c=85      sub1.d=32
b+d=58
super2.a=5     super2.b=8     super2.c=85
super2.show( ):
b+d=58
sub2.a=5       sub2.b=26      sub2.d=32
sub2.show( ):
b+d=58
```

子类对象可以看作其父类的对象，因此在程序中子类对象可以引用父类的成员变量。子

类对象转换为父类对象时,可以使用强制类型转换,也可以使用隐式转换方式,直接把子类对象引用赋值给父类对象引用。若父类对象引用指向的实际是一个子类对象的引用,则这个父类对象可使用强制类型转换转换为子类对象。

7.8 内 部 类

7.8.1 内部类

所谓内部类就是定义在一个类内部的新类,也可以在接口中定义。内部类可以继承某类或实现某接口;内部类是一种编译时的语法,编译后生成的两个类是独立的两个类。

注意:当类与接口(或者是接口与接口)发生方法命名冲突的时候,必须使用内部类来解决。这是唯一一种必须使用内部类的情况。

用接口不能完全地实现多继承,用接口配合内部类才能实现真正的多继承。

内部类特性:

(1)内部类方法可以访问该外部类定义所在的作用域中的数据,包括私有的数据结构,但外部类不能直接访问内部类的成员;

(2)可以将同一包中的其他类隐藏起来;

(3)当想要定义一个回调函数而不想编写大量代码时,使用匿名内部类比较便捷。

注意:所有使用内部类的地方都可以不使用内部类;使用内部类可以使程序更加简洁,但会牺牲可读性,便于命名规范和划分层次结构。内部类和外部类在编译时是不同的两个类,内部类对外部类没有任何依赖;编译后生成文件 Outer.class 和 Outer＄Inner.class。内部类可用 static、protected 和 private 修饰,而外部类只能使用 public 和 default。成员内部类是作为外部类的一个成员存在的,与外部类的属性、方法并列,可看作外部类的实例变量。

假设有如下所示的类定义,则 Inner 是内部类,Outer 是外部类,或称作 Inner 的外包类。

```
class Outer{
    class Inner{ }
}
```

创建 Outer 类和 Inner 类的对象的语句如下所示:

```
Outer  out = new  Outer();
Outer.Inner  in = out.new  Inner();
```

内部类 Inner 类也可以引用外包类 Outer 的所有成员,如下代码所示:

```
class Outer {
static int a = 10;
    int b = 20;
    static void f(){ }
    void g(){ }

    class Inner {
```

```
        void h() {
            int d = a;
            f();
            b = 100;
            g();
        }
    }
}
```

例程 7-25　Member1.java。

```
package ch07;
class Outer1 {
    static int a = 10;
    int b = 20;
    void f() {
        System.out.println("hi~~");
    }
    class Inner1 {
        int c = 30;
        public void g() {
            b = 100;
            f();
            System.out.println(a + " " + c);
        }
    }
}
public class Member1 {
    public static void main(String[] args) {
        Outer1 out = new Outer1();
        Outer1.Inner1 in = out.new Inner1();
        in.g();
        System.out.println(out.b);
    }
}
```

程序运行的输出为：

```
hi~~
10 30
100
```

7.8.2　方法局部内部类

在方法中定义的内部类称为局部内部类。与局部变量类似,局部内部类不能有访问说明符,因为它不是外围类的一部分,但是它可以访问当前代码块内的常量和此外围类所有的成员。

```
void f() {
    class Inner{ }
}
```

方法局部内部类的特性：
- 不能用 public、protected 和 private 进行声明，其范围为定义它的代码块；
- 可以访问外部类的所有成员；
- 可以访问局部变量(含参数)，但局部变量必须被声明为 final。

在类外不可直接生成局部内部类，保证局部内部类对外是不可见的，即对外部是完全隐藏的；在方法中才能调用其局部内部类；局部内部类不能声明接口和枚举。

例程 7-26 Outer3.java，在 Outer3 的 f()方法中定义局部类 Inner3。

```
package ch07;
public class Outer3 {
    private int s = 100;
    private int out_i = 1;
    public void f(final int k) {
        final int s = 200;
        int i = 1;
        final int j = 10;
        // 定义在方法内部
        class Inner3 {
            int s = 300;// 可以定义与外部类同名的变量
            // 不可以定义静态变量
            // static int m = 20;
            Inner3(int k) {
                inner_f(k);
            }
            int inner_i = 100;
            void inner_f(int k) {
//如果内部类没有与外部类同名的变量,在内部类中可以直接访问外部类的实例变量
                System.out.println(out_i);
                System.out.println(inner_i);
//可以访问外部类的局部变量(即方法内的变量),但是变量必须是 final 的
                System.out.println(j);
                // 无法访问外部类的非常量
                // System.out.println(i);
                // 如果内部类中有与外部类同名的变量,直接用变量名访问的是内部类的变量
                System.out.println(s);
                // 用 this.变量名访问的也是内部类变量
                System.out.println(this.s);
                // 用外部类名.this.内部类变量名访问的是外部类变量
```

```
                System.out.println(Outer3.this.s);
            }
        }
        new Inner3(k);
    }

    public static void main(String[] args) {
        // 访问局部内部类必须先有外部类对象
        Outer3 out = new Outer3();
        out.f(3);
    }
}
```

程序运行的输出为:
```
1
100
10
300
300
100
```

7.8.3 匿名内部类

由于构造方法的名字必须和类名相同,而匿名类没有类名,所以,匿名内部类不能有构造方法,将构造方法参数传递给父类构造器,尤其是在内部类实现接口的时候,不能有任何构造方法。

假定接口 Inter 定义如下:
```
interface Inter{
    public void f();
}
```
定义一个实现该接口的匿名类的语句如下所示:
```
Inter ob = new Inter(){ …… };
```

例程 7-27 中 AnonyClassDemo 类定义了一个接口 Inter,在 main()方法中创建了实现接口 Inter 的类(匿名类)的对象 ob1 和 ob2。

例程 7-27 AnonyClassDemo.java。

```
package ch07;
interface Inter {
    public void hi();
}
public class AnonyClassDemo {
    public static void main(String[] args) {
        Inter ob1 = new Inter() {
            public void hi() {
```

```
            System.out.println("你好~~~");
        }
    };    //注意 ;
    Inter ob2 = new Inter() {
        public void hi() {
            System.out.println("hello~~~");
        }
    };
    ob1.hi();
    ob2.hi();
}
```

程序运行的输出为：

你好~~~
hello~~~

7.9 包与访问控制修饰符

7.9.1 包的概念与作用

Java 中，包(package)是相关类与接口的一个集合，是一种管理和组织类(包括类和接口)的机制。

简单地说，包就相当于一个目录，其中可以包含类、接口、子包(相当于子目录)。其作用包括：一是能减少类的名称的冲突问题；二是能分门别类地组织各种类；三是有助于实施访问权限控制，当位于不同包的类相互访问时，会受到访问权限的约束。

典型的，Java 的类库就是按有层次的包的方式组织的，如图 7-7 所示。

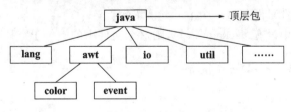

图 7-7 包层次图

其中，Java 的一些基本包如下所示。

◇java.lang 包：核心语言包，包含 System 类(系统类)、String 类(字符串类)、Exception 类(异常类)等，这些类是编写 Java 程序经常要使用的。这个包由 JVM 自动引入，在编写程序时可以直接使用这个包中的类，而不必用 import 语句引入。

◇java.awt 包：抽象窗口工具集包，包含了用于构建图形用户界面(GUI)程序的基本类和绘图类。

◇java.io 包:输入/输出包,包含各种输入流类和输出流类,用于实现程序与外界的数据交换。

◇java.util 包:使用工具包,提供一些实用类,如 Date 类(日期类)、Random 类(随机数类)、Collection 类(集合类)等。

包的表示法以圆点"."作为分隔符,如 System 类的包表示法为 java.lang.System。包的结构映射到操作系统中时就是目录结构,System 类对应的.class 文件就在 java\lang\的目录结构下。

7.9.2 使用包

当开发较大规模的 Java 应用程序时,类的数量不断增加,为了更有效地对这些类进行组织和管理,应该使用包。

1. 包声明语句 package

包声明语句用于将 Java 的类放到特定的包中,对应的,类的.class 文件组织到包结构映射而来的目录结构中。

Java 利用 package 关键字声明包,格式如下:

```
package packageName;
```

例如:

```
package cn.whvcse;
public class School{
    ……
}
```

表示 School 类被置于名为 cn.whvcse 的包中,编译产生的类文件 School.class 将被置于 cn\whvcse\目录下,类的完整名称为:cn.whvcse.School。

使用包声明语句时,需要注意如下事项:

◇包声明语句(package 语句)必须出现在 Java 源文件的第一行(忽略注释行)。

◇如果有包声明语句的 Java 源文件中包含了多个类或接口的定义,则这些类和接口都将位于声明的这个包中。

◇一个 Java 源文件只能包含一个 package 语句。

◇如果 Java 文件中没有 package 语句,则这个文件中的类位于默认包,默认包没有名字。

例程 7-28 PackageDemo.java。

```
package cn.whvcse;
public class PackageDemo {
    public void hi() {
        System.out.println("Hi~~~~");
    }
}
```

在 ch07 项目中创建该类,编译后得到的.class 文件被组织到项目根目录的 cn\whvcse\目录下,如图 7-8 所示。

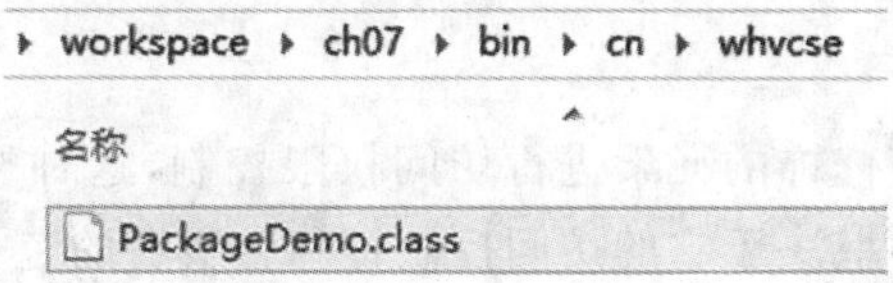

> workspace > ch07 > bin > cn > whvcse

名称

PackageDemo.class

图 7-8　使用包

2. 包引入语句 import

位于同一个包（即同一个目录）中的类可以直接相互访问。但，如果一个类要访问来自于另外一个包中的类，则需要通过 import 语句将其需要访问的类引入（java.lang 包中的类除外），否则无法使用别包中的类，编译时会报错。

比如，之前例程中常使用的实现键盘输入的 Scanner 类，在使用该类时，总是需要在类定义的前面写上这样一条语句：

　　import java.util.Scanner;

Java 使用 import 关键字来引入类，格式如下：

　　import 完整类名;

注意：
◇ 此处的类名要使用包表示法，即包含包名的完整类名。
◇ import 语句要位于 package 语句之后，类或接口定义之前（忽略注释）。

例程 7-29 PackageDemo2.java。

```
package cn.whvcse.test;
import cn.whvcse.PackageDemo;
public class PackageDemo2 {
    public static void main(String[] args) {
        PackageDemo ob = new PackageDemo();
        ob.hi();
    }
}
```

包声明语句表明，PackageDemo2 类位于 cn.whvcse.test 包，与 PackageDemo 类所在的包 cn.whvcse 不是同一个包。因此，PackageDemo2 中要使用 PackageDemo 类，必须在类定义前先引入这个类，即使用 import 语句导入 PackageDemo 类。

如果将上述例程中的 import 语句去掉，将出现编译错误，错误信息表示在 PackageDemo2 类中无法解析 PackageDemo 类，这是没有引入类造成的。

有的时候，可能需要访问某个包中的多个类，如果不想一个一个引入的话，可以使用通配符 * 引入包中所有的类，用 * 替换包名最末尾的类名即可，如：

　　import java.util.*;

就表示引入 java.util 包中的所有的类。

7.9.3 访问控制符

访问控制符可以对被其修饰的元素进行访问权限控制,这种控制也与包相关。类中的成员的可见性(或叫可访问性)取决于它的访问控制符和它所在的包和类的性质。

Java 的访问控制符有 4 种:public、protected、default(缺省)和 private。其中,default 缺省访问控制符,指的是不添加任何访问控制的关键字。访问控制符可以修饰类,也可以修饰类的成员,访问控制符应放在类、变量或方法声明的最前面。

4 种访问控制符的访问权限如表 7-1 所示。

表 7-1 访问控制符

访问控制符	修饰的元素	可访问范围
public	类、变量、方法	所有类
protected	变量、方法	同一个包中的类、所有子类
default(缺省)	类、变量、方法	同一个包中的类
private	变量、方法	本类

下面的例程 7-30 中,AccessDemo 为 public 修饰的类,Card 类为 default 修饰的类,在类中有不同访问控制权限的 4 个变量。

例程 7-30　AccessDemo.java。

```
package ch07;
class Card {
    private int age = 20;
    public String name = "Tom";
    protected String address = "武汉";
    String phone = "15812345678";
}
public class AccessDemo {
    public static void main(String[] args) {
        Card t = new Card();
        t.address = "北京市";
        System.out.println(t.name);
        System.out.println(t.address);
        System.out.println(t.phone);
        // System.out.println(t.age); //编译错误
    }
}
```

对例程 7-30 进行修改,改为例程 7-31 所示的 Card1.java,将无编译错误。

例程 7-31　Card1.java。

```
package ch07;
public class Card1 {
```

```
        private int age = 20;
        public String name = "Tom";
        protected String address = "武汉";
        String phone = "15812345678";
        public static void main(String[] args) {
            Card1 t = new Card1();
            t.address = "北京市";
            System.out.println(t.name);
            System.out.println(t.address);
            System.out.println(t.phone);
            System.out.println(t.age);    //无编译错误
        }
    }
```

例程7-30AccessDemo.java中定义的Card类声明为default(缺省)的,将无法在其他包中被访问。如例程7-32AccessDemo2.java中无法访问Card类。

例程7-32   AccessDemo2.java。

```
    package ch07.access;
    import ch07.Card;
    //编译错误,Card类为缺省权限,只能在同一个包(即ch07包)中被访问
    public class AccessDemo2 {
        public static void main(String[] args) {
            Card t = new Card();  // 编译错误
        }
    }
```

例程7-33分别在Card2.java、Card2Son.java、Card2Test.java中列举不同包时的访问情况。

例程7-33   Card2.java,Card2Son.java,Card2Test.java。

```
    package ch07;
    public class Card2 {
        private int age = 20;
        public String name = "Tom";
        protected String address = "武汉";
        String phone = "15812345678";
    }
    package ch07.access;
    import ch07.Card2;
    public class Card2Son extends Card2 {
        public String  getAddress(){
            return address;
        }
    }
```

```
package ch07.access;
import ch07.Card2;
public class Card2Test {
    public static void main(String[] args) {
        Card2 p = new Card2();
        System.out.println(p.name);
        System.out.println(p.address);
        //编译错误:The field Card2.address is not visible
        System.out.println(p.phone);
        //编译错误:The field Card2..phone is not visible
        Systme.out.println(p.age);
        //编译错误:The field Card2.age is not visible
    }
}
```

要点提醒:

◇用 new 创建类的对象,开辟对象的存储空间。Java 有垃圾回收机制,能自动清理无用的对象。

◇若类中未定义构造方法,则会自动添加一个缺省的无参构造方法。

◇同种类型的对象可以相互赋值,这种赋值是引用赋值,使得 2 个对象名可以指向同一个对象。

◇若对象作为方法参数,则实参传给形参的是对象的引用,使得形参与实参指向同一个对象。

◇若有类的成员变量与方法的局部变量同名,则局部变量会将成员变量屏蔽掉,可以使用 this 引用来显式引用类的成员变量,解决名称冲突问题。

◇类的静态成员由 static 修饰,随类加载,不依赖于类对象的存在与否,静态方法中不能使用实例变量或实例方法。类的静态成员利用类名进行引用。

◇类中可以定义多个方法名相同但参数列表不同的方法,称为方法重载。方法重载是多态性的一种体现。

◇继承机制允许从现有的类中派生新类,Java 中继承利用关键字 extends 实现,Java 是单继承的,一个子类只能有一个直接父类。Java 的所有类都是直接或间接地从 java.lang.Object 派生而来的。

◇可以使用 final 关键字修饰类,防止类被继承;可以使用 final 修饰方法,防止方法被重写;可以使用 final 修饰变量,则该变量只能赋值 1 次,成为常量。

◇接口定义一些行为规范,实现接口的类具有这些行为规范,但要提供具体的实现,即要重写接口中的所有方法。

◇一个类可以实现多个接口,可以既继承类又实现接口,接口可以继承多个接口,这些都可以达到多继承的效果。

◇Java 利用包分类管理和组织大量的类,利用 package 语句声明包,则类的.class 文件将被组织到包结构映射而来的目录结构中。包声明语句必须位于 Java 源文件的第一行。

◇使用 import 可以引入其他包中的类,除 java.lang 包不需要引入外,在使用系统提供的其他包中的类时,需要引入。

◇Java 提供了 4 种访问控制符:private、default、protected 和 public。它们可以修饰类或类的成员,同包相结合,可以实现对类或类的成员的访问权限的控制。

实训任务

[**实训 7-1**] 指出下面代码中的错误，并说明原因。

```
interface Playable {
    void play();
}
interface Bounceable {
    void play();
}
interface Rollable extends Playable, Bounceable {
    Ball ball = new Ball("PingPang");
}
class Ball implementsRollable {
    private String name;
    public String getName() {
        return name;
    }
    public Ball(String name) {
        this.name = name;
    }
    public void play() {
        ball = new Ball("Football");
        System.out.println(ball.getName());
    }
}
```

[**实训 7-2**] 将下面代码用类的向上转型进行改写，使代码更为简洁、易维护。

```
public class MyMonitor{
    public static void main(String[ ] args){
        run(new LCDMonitor());
        run(new CRTMonitor());
        run(new PlasmaMonitor());
    }
    public static void run(LCDMonitor monitor){
        monitor.displayText();
        monitor.displayGraphics();
    }
    public static void run(CRTMonitor monitor){
        monitor.displayText();
        monitor.displayGraphics();
    }
    public static void run(PlasmaMonitor monitor){
```

```
            monitor.displayText();
            monitor.displayGraphics();
        }
    }
```

[实训 7-3] 创建名为 Point 的类描述点。创建名为 Shape 的类描述图形，Shape 类要求包含属性：代表图形左上角坐标的 location，Point 类型，包含方法 area() 计算图形的面积。继承 Shape 创建圆类，增加必要的属性和方法；继承 Shape 创建矩形类，增加必要的属性和方法。圆类和矩形类都要求含有构造方法。编写包含 main() 的类测试圆类、矩形类的使用，能显示它们的左上角坐标，计算其面积等。

[实训 7-4] 如下代码所示的类 AddOverridden 中实现了 add() 方法的重载，根据 main() 方法中对重载的方法的调用语句，请将缺失的代码补充完整，使得程序可以正常运行。

```
public    class AddOverridden{
    //请将代码补充完整
    public    static void main(String args[ ]){
        AddOverridden   obj1=new   AddOverridden();
        System.out.println("sum(37,73)="+obj1.add(37,73));
        AddOverridden   obj2=new   AddOverridden();
        System.out.println("sum(10,33,67)="+obj2.add(10,33,67));
        Addoverridden   obj3=new   AddOverridden();
        System.out.println("sum(97.88,36.99)="+obj3.add(97.88,36.99));
        AddOverridden   obj4=new   AddOverridden();
        System.out.println("sum(9.8,3.5,2.6)="+obj4.add(9.8,3.5,2.6));
    }
}
```

项目 8 常用API

本章目标

◆ String、StringBuffer 和 StringTokenizer 的使用
◆ Math 类的使用
◆ 日期和时间类的使用

8.1 API 的概念

Java 提供了许多预定义的类,是一组由开发人员或软件供应商编写好的 Java 程序模块,每一个模块通常对应一种特定的基本功能和任务,这样当我们编写 Java 程序需要完成其中某一功能的时候,就可以直接利用这些现成的类,而不需要一切从头编写。这些系统定义好的类根据实现的功能不同,可以划分成不同的集合,每个集合是一个包,合称为类库。

Java 的类库是系统提供的已实现的标准类的集合,统称为 Java 应用程序编程接口,即 Java API(application program interface)。

Java 类库是 Java 语言的重要组成部分。Java 语言由语法规则和类库两部分组成,语法规则确定 Java 程序的书写规范;类库,或称为运行时库,则提供了 Java 程序与运行它的系统软件(Java 虚拟机)之间的接口。因此,学习 Java 程序设计,要把注意力集中在两个方面:一方面是学习其语法规则,例如基本数据类型、基本运算和基本语句等,这是编写 Java 程序的基本功;另一方面是学习使用类库,这是提高编程效率和质量的必由之路,甚至可以说,是否能熟练自如地掌握尽可能多的 Java 类库,决定了一个 Java 程序员编程能力的高低。

根据功能的不同,Java 的类库被划分为若干个不同的包,每个包中都有若干个具有特定功能和相互关系的类和接口。表 8-1 列出了 Java API 中较常使用的包。

表 8-1 Java API

包 名	描 述
java.lang	java.lang 包是 Java 语言的核心类库,包含了运行 Java 程序必不可少的系统类,如基本数据类型、基本数学方法、字符串处理、线程、异常处理类等。每个 Java 程序运行时,系统都会自动地引入 java.lang 包,所以这个包的加载是缺省的

续表

包 名	描 述
java.io	java.io 包是 Java 语言的标准输入/输出类库，包含实现 Java 程序与操作系统、用户界面以及其他 Java 程序做数据交换所使用的类，如基本输入/输出流、文件输入/输出流、过滤输入/输出流、管道输入/输出流、随机输入/输出流等。凡是需要完成与操作系统有关的较底层的输入输出操作的 Java 程序，都要用到 java.io 包
java.util	java.util 包括了 Java 语言中的一些实用工具，如处理时间的 Date 类，处理变长数组的 Vector 类，实现集合的 Collection 接口及其子接口、子类等，使用它们，开发者可以更方便快捷地编程
java.awt	java.awt 包是 Java 语言用来构建图形用户界面(GUI)的类库，它包括了许多界面元素和资源，主要在三个方面提供界面设计支持：低级绘图操作，如 Graphics 类等；图形界面组件和布局管理，如 Button 类、Container 类、LayoutManager 接口等；界面用户交互控制和事件响应，如 Event 类。利用 java.awt 包，开发人员可以很方便地编写出美观、方便、标准化的应用程序界面
javax.swing	javax.swing 提供一组"轻量级"(完全由 Java 语言实现)的图形用户界面组件，尽量让这些组件在所有平台上的工作方式都相同
java.awt.event	java.awt.event 包包含用户与界面交互的事件类、监听器接口等，使得程序可以用不同的方式来处理不同类型的事件，并使每个图形界面的元素本身可以拥有处理它上面事件的能力
java.sql	java.sql 包是实现 JDBC(Java database connection)的类库。利用这个包可以使 Java 程序具有访问不同种类的数据库的功能，如 MySQL、Oracle、DB2、SQLServer 等。只要安装了合适的驱动程序，同一个 Java 程序不需修改就可以存取、修改这些不同的数据库中的数据。JDBC 的这种功能，再加上 Java 程序本身具有的平台无关性，大大拓宽了 Java 程序的应用范围，尤其是商业应用的适用领域
java.net	java.net 包是 Java 语言用来实现网络功能的类库。如实现套接字通信的 Socket 类、ServerSocket 类；编写用户自己的 Telnet、FTP、邮件服务等实现网上通信的类；用于访问 Internet 上资源和进行 CGI 网关调用的类，如 URL 等。利用 java.net 包中的类，开发者可以编写自己的具有网络功能的程序

除此之外，JDK 还有许多实现其他功能的包，读者可以到 Oracle 官网的如下地址：http://www.oracle.com/technetwork/java/api-141528.html 去了解和学习各种版本的 Java SE API。

有了 Java API，编写 Java 应用程序时就不必一切从头做起，避免了代码的重复和可能的错误，也提高了编程的效率。一个用户程序中系统标准类使用得越多、越全面、越准确，这个程序的质量就越高；相反，离开了系统标准类和类库，Java 程序几乎寸步难行。所以，要想提高 Java 编程能力，写出高质量的程序代码，必须对 Java 的类库有足够的了解。

使用类库中系统定义好的类有几种方式：可以继承系统类，在用户程序里创建系统类的子类，例如，可以通过继承 JFrame 类来创建一个自己的桌面程序的窗体类；可以创建系统类的对象，例如，在桌面程序的窗体上要使用文本框来接收用户的输入，就可以创建一个 javax.swing 包中 JTextField 类的对象来实现文本框；可以直接使用系统类，例如，向系统标准输出设备(控制台)输出字符串时使用的方法 System.out.println(),就是系统类 System 的静态属性 out 的方法。

无论采用哪种方式,使用系统类的前提条件是这个系统类应该是用户程序可见的类。java.lang 包是自动引入的,也就是说,对于用户程序而言,它默认可见,因此程序中使用 System 是不必显式引入的;而若使用其他包中的类或接口,则需要用户程序使用 import 语句引入后才能使用,比如开发一个数据库应用程序,就需要引入 java.sql 包中的相关类或接口。

8.2 字符串处理

8.2.1 String 类

字符串是程序设计中经常使用到的数据结构,它是字符的序列。在有些语言中,它是用字符数组来实现的,在 Java 面向对象的语言中,它是用类的对象来实现的。

字符串可以分为两大类,一类是创建之后不会再做修改和变动的字符串常量类型 String,另一类是创建之后允许再做更改和变化的字符串变量类型 StringBuffer。String 类和 StringBuffer 类都在 java.lang 中定义,因此它们可以自动地被所有程序使用。这两种字符串类型均被声明为 final,即都不可派生子类。

String 类的常用构造方法,如表 8-2 所示。

表 8-2 String 的常用构造方法

构造方法	描述
public String()	创建一个空的字符串常量
public String(String original)	初始化一个新创建的 String 对象,使其表示一个与参数相同的字符序列;换句话说,新创建的字符串是该参数字符串的副本。可以使用一个字符串字面值初始化一个 String 对象,如: String hello = new String("Hello");
public String(Char value[ ])	分配一个新的 String,使其表示字符数组参数中当前包含的字符序列
public String(StringBuffer buffer)	分配一个新的字符串,它包含字符串缓冲区参数中当前包含的字符序列

创建 String 对象与创建其他类的对象一样,分为对象的声明和对象的创建两步。这两步可以分成独立的语句,也可以在一个语句中完成。

例如仅声明一个 String 对象的语句如下:

```
String str;
```

此时 str 的值为 null,要想使用 s,还必须为它开辟内存空间。

```
s = new String("Hello");
```

这样,通过调用 String 的带参数的构造方法,字符串 str 被置为"Hello"。

上述两步可以合并为一条语句：

    String　str = new String("Hello"); 或 String str = "Hello";

第二种写法里将"Hello"赋值给 str 只是一种特殊的省略写法，事实上，Java 系统会自动为每一个用双引号引起来的字符串常量创建一个 String 对象，所以这种写法的实际含义与效果与前一句完全一致。

String 中的方法很多，读者可以通过 API 文档学习，这里列出一些比较常用的方法，如表 8-3 所示。

表 8-3　String 类的常用方法

方　法	描　述
public　int　length()	返回字符串的字符个数
public　char　charAt(int　index)	返回字符串中 index 位置上的字符，index 值的范围是 0～length－1
public　int　indexOf(int　ch)	返回字符 ch 在字符串中出现的第一个位置
public　int　lastIndexOf(int　ch)	返回字符 ch 在字符串中出现的最后一个位置
public　int　indexOf(String　str)	返回子串 str 中第一个字符在字符串中出现的第一个位置
public　int　lastIndexOf(String　str)	返回子串 str 中第一个字符在字符串中出现的最后一个位置
public　boolean　startsWith(String　str)	判断一个给定的字符串是否以一个指定的字符串开始
public　boolean　endsWith(String　str)	判断一个给定的字符串是否以一个指定的字符串结尾
public　void　getchars(int　srcbegin,int　end , char buf[ ] ,　int　dstbegin)	其中 srcbegin 为要提取的第一个字符在源串中的位置，end 为要提取的最后一个字符在源串中的位置，字符数组 buf[]存放目的字符串，dstbegin 为提取的字符串在目的串中的起始位置
public　void getBytes (int　srcBegin, intsrcEnd, byte[ ] dst, int　dstBegin)	参数及用法同上，只是串中的字符均用 8 位表示
public　String　concat(String　str)	用来将当前字符串对象与给定字符串 str 连接起来
public String　replace(char　oldChar,char newChar)	用来把串中出现的所有特定字符替换成指定字符以生成新串
public　String　substring(int　beginIndex)	用来得到字符串中指定范围内的子串
public String　toLowerCase( )	把串中所有的字符变成小写
public String toUpperCase( )	把串中所有的字符变成大写
public　int compareTo(String　str)	比较两个字符串在字典中出现的先后位置。一个字符串小于另一个，指的是它在字典中先出现

下面通过例程来学习 String 类的使用。

例程 8-1　StringEqual.java，区别 equals()方法和==运算符。

```
package demo.string;
```

```java
public class StringEqual {
    public static void main(String[] args) {
        String s1 = "Hello";
        String s2 = new String(s1);
        System.out.println(s1 +" equals " +s2 +" : " +s1.equals(s2));
        System.out.println(s1 +" == " +s2 +" : " +(s1 == s2));
    }
}
```
程序运行的输出为:
```
Hello equals Hello: true
Hello == Hello: false
```
equals()方法比较两个字符串的内容即其字符序列是否相同,而==运算符比较两个对象的引用,看它们是否引用相同的实例。

例程 8-2 StringSort.java,字符串按字典顺序进行排序输出。

```java
package demo.string;
public class StringSort {
    public static void main(String[] args) {
        String[] strs = { "Now", "is", "the", "time", "for",
            "all", "good","men", "to", "come", "to", "the",
            "aid", "of", "their","country" };
        for (int j = 0; j <  strs.length-1; j++) {
          for (int i = j +1; i < strs.length; i++) {
            if (strs[i].compareToIgnoreCase(strs[j]) < 0) {
              String t = strs[j];
              strs[j] = strs[i];
              strs[i] = t;
            }
          }
          System.out.println(strs[j]);
        }
    }
}
```
程序运行的输出为:
```
aid
all
come
country
for
good
is
men
```

```
Now
of
the
the
their
time
to
```

String 的 compareTo() 方法在比对调用字符串与参数字符串时会区分大小写,大写字符小于小写字符,而 compareToIgnoreCase() 则会忽略大小写。

例程 8-3　TextFilter.java,非法字符过滤器。

```java
package demo.string;
public class TextFilter {
    public static void main(String[] args) {
        String original="Oh, go to hell! "
            + "Don't talk such nonsense!";
        System.out.println("原文:" +original);
        original = filterText(original,"hell","* * ");
        System.out.println("过滤后:" +original);
    }
    public static String filterText(String original,
            String keyword,String replaceword){
        original = original.replaceAll(keyword, replaceword);
        return original;
    }
}
```

程序运行的输出为:

```
原文:Oh, go to hell! Don't talk such nonsense!
过滤后:Oh, go to * * ! Don't talk such nonsense!
```

例程 8-4　StrToArray.java,使用 toCharArray() 将字符串转化为字符数组。

```java
package demo.string;
public class StrToArray {
    public static void main(String args[]) {
        String s = "明晚十点在码头见面";
        char a[] = s.toCharArray();
        for (int i = 0; i < a.length; i++) {
            a[i] = (char) (a[i] ^ 's');
        }
        String secret = new String(a);
        System.out.println("密文:" +secret);
        for (int i = 0; i < a.length; i++) {
            a[i] = (char) (a[i] ^'s');
        }
```

```
            String code = new String(a);
            System.out.println("原文:" +code);
    }
}
```

程序运行的输出为：

密文:瞓昧匪烊坛硲奇覷霝
原文:明晚十点在码头见面

例程 8-5　　Calculator.java，通过基本数据类型与字符串的转换实现一个简单的计算器。

```
package demo.string;
import java.io.* ;
public class Calculator {
    public static void main(String[] args) throws IOException {
        BufferedReader br =
new BufferedReader(new InputStreamReader(System.in));
        System.out.println("请输入要执行的操作:+ - * /");
        String operation = br.readLine();
        System.out.println("请输入第一个数");
        String num1 = br.readLine();
        System.out.println("请输入第二个数");
        String num2 = br.readLine();
        try {
            System.out.println(num1 +operation +num2
+"=" +processOperation(operation, num1, num2));
        } catch (Throwable e) {
            System.out.println(e.getMessage());
        }
    }
    public static double processOperation (String operation, String num1, String num2) throws Throwable {
        double arg1 =Double.parseDouble(num1);
        double arg2 =Double.parseDouble(num2);
        double result;
        if ("+".equals(operation)) {
            result = add(arg1, arg2);
        } else if ("-".equals(operation)) {
            result = subtract(arg1, arg2);
        } else if ("*".equals(operation)) {
            result = multiply(arg1, arg2);
        } else if ("/".equals(operation)) {
            if (arg2 == 0)
                throw new Throwable("除数不能为零");
            result = divide(arg1, arg2);
        } else {
```

```java
            throw new Throwable("未知操作,请输入+ -*/");
        }
        return result;
    }
    private static double divide(double arg1, double arg2) {
        return arg1 /arg2;
    }
    private static double multiply(double arg1, double arg2) {
        return arg1 * arg2;
    }
    private static double subtract(double arg1, double arg2) {
        return arg1 - arg2;
    }
    private static double add(double arg1, double arg2) {
        return arg1 +arg2;
    }
}
```

程序运行的一次输出:

请输入要执行的操作:+ - * /
*
请输入第一个数
3
请输入第二个数
5
3* 5= 15.0

例程 8-6 Student.java，ToStringTest.java，toString()方法的运用。

```java
package demo.string;
public class Student {
    String name;
    int age;
    public Student(String name, int age) {
        this.name = name;
        this.age = age;
    }
    public String toString() { // 重写 toString()方法
        String original = super.toString();
        System.out.println(original); // 打印默认 toString()的结果
        String stuInfo = "姓名:" +name +"\n 年龄:" +age;
        // 自定义 toString()的字符串
        return stuInfo;
    }
    public String getName() {
        return name;
```

```java
        }
        public void setName(String name) {
            this.name = name;
        }
        public int getAge() {
            return age;
        }
        public void setAge(int age) {
            this.age = age;
        }
    }
    package demo.string;
    public class ToStringTest {
        public static void main(String[] args) {
            Student zhangSan = new Student("张三",19);
            String myToString = zhangSan.toString();
            System.out.println(myToString);
            //打印自定义的 toString()的结果,更友好
        }
    }
```

程序运行的输出为:

demo.string.Student@15db9742

姓名:张三

年龄:19

toString()方法不是 String 类定义的方法,而是 Object 类定义的方法,所有类都由 Object 继承了此方法,该方法的返回结果用对象的字符串表示。然而,toString()方法的默认实现是不够的,对于用户自己创建的大多数类,通常想用自己提供的字符串表达式作为类对象的字符串表示。

上述例程分别按默认实现和自定义 Student 对象的字符串表示两种方式进行了输出,运行效果显示自定义的 Student 类对象的字符串表示更友好。

8.2.2 StringBuffer 类

StringBuffer 表示可扩充、可修改的字符序列,是可变长的字符串。StringBuffer 可有插入其中或追加其后的字符或子字符串,StringBuffer 可以针对这些添加自动地增加空间,并增加更多的预留字符。

StringBuffer 类的常用构造方法,如表 8-4 所示。

表 8-4 StringBuffer 的常用构造方法

构 造 方 法	描 述
public StringBuffer()	构造一个其中不带字符的字符串缓冲区,其初始容量为 16 个字符
public StringBuffer(int capacity)	构造一个不带字符,但具有指定初始容量的字符串缓冲区
public StringBuffer(String str)	构造一个字符串缓冲区,并将其内容初始化为指定的字符串内容

下面通过两个例程学习一下 StringBuffer 的常见用法。

例程 8-7 StringBufferTest1.java，可变长字符串的长度、容量。

```java
package demo.strbuffer;
public class StringBufferTest1 {
    public static void main(String[] args) {
        StringBuffer buffer = new StringBuffer("Hello");
        System.out.println("可变长字符串 : " +buffer);
        System.out.println("初始长度 :" +buffer.length());
        System.out.println("初始容量 : " +buffer.capacity());
        buffer.append(",welcome to Java World!");
        System.out.println("可扩充,现容量:" +buffer.capacity());
    }
}
```

程序运行的输出为：

```
可变长字符串 : Hello
初始长度 :5
初始容量 : 21
可扩充,现容量:44
```

例程 8-8 StringBufferTest2.java，对可变长字符串进行插入、翻转操作。

```java
package demo.strbuffer;
public class StringBufferTest2 {
    public static void main(String[] args) {
        StringBuffer buffer = new StringBuffer("欢迎您!");
        System.out.println("original : " +buffer);
        buffer.insert(buffer.indexOf("!"), ",张三");
        System.out.println("now : " +buffer);
        System.out.println("funny : " +buffer.reverse());
    }
}
```

程序运行的输出为：

```
original :欢迎您!
now :欢迎您,张三!
funny :! 三张,您迎欢
```

8.2.3 StringTokenizer 类

有时我们需要分析字符串并将字符串分解成可被独立使用的单词。这时可以使用 java.util 包中的 StringTokenizer 类。使用 StringTokenizer 时,指定一个输入字符串和一个包含了分隔符的字符串。分隔符是分隔标记的字符,如空格符、换行符、回车符、Tab 符等。

StringTokenizer 的构造方法如表 8-5 所示。

表 8-5　StringTokenizer 的构造方法

构造方法	描述
public StringTokenizer(String str)	为指定字符串构造一个 string tokenizer，tokenizer 使用默认的分隔符集 "\t\n\r\f"，即制表符、换行符、回车符和换页符
public StringTokenizer(String str, String delim)	为指定字符串构造一个 string tokenizer，delim 参数中的字符都是分隔标记的分隔符，分隔符字符本身不作为标记
public StringTokenizer(String str, String delim, boolean returnDelims)	为指定字符串构造一个 string tokenizer，delim 参数中的所有字符都是分隔标记的分隔符，如果 returnDelims 标志为 true，则分隔符字符也作为标记返回，每个分隔符都作为一个长度为 1 的字符串返回；如果标志为 false，则跳过分隔符，只是用作标记之间的分隔符

StringTokenizer 的常用方法如表 8-6 所示。

表 8-6　StringTokenizer 的常用方法

方法	描述
public boolean hasMoreTokens()	测试此 tokenizer 的字符串中是否还有更多的可用标记，如果此方法返回 true，那么后续调用无参数的 nextToken 方法将成功地返回一个标记
public String nextToken()	返回此 string tokenizer 的下一个标记

例程 8-9　StringTokenizerTest，实现一个统计单词及其数量的程序，分析给定的字符串，将其中的单词分离出来，并统计单词的数量。

```
package demo.strtoken;
import java.util.StringTokenizer;
public class StringTokenizerTest {
    public static void main(String[] args) {
        String content = "StringTokenizer can split "
            + "words from a String";
        StringTokenizer st = new StringTokenizer(content, "");
        // 空格作为分隔符
        int number = st.countTokens();
        System.out.println("共有单词 :" + number + "个");
        System.out.println("分别是:");
        while (st.hasMoreTokens()) {
            String token = st.nextToken();
            System.out.println(token);
        }
    }
}
```

程序运行的输出为：

共有单词:7个
分别是:
StringTokenizer
can
split
words
from
a
String

8.3 Math 类

Math 类用来完成一些常用的数学运算,它提供了若干实现不同标准数学函数的方法。这些方法都是 static 方法,因此在使用时不需要创建 Math 类的对象,而是直接用类名作为前缀就可以调用它们,使用非常方便。

Math 类有两个静态常量:E(自然对数)和 PI(圆周率)。在需要的时候,可以直接用 Math.E 或 Math.PI 来引用它们,E 的近似值为 2.7182818,PI 的近似值为 3.1415926。

Math 中的一些常用方法如表 8-7 所示。

表 8-7　Math 的部分常用方法

方法	描述
static double sin(double arg)	返回以弧度为单位由 arg 指定的角度的正弦值
static double cos(double arg)	返回以弧度为单位由 arg 指定的角度的余弦值
static double tan(double arg)	返回以弧度为单位由 arg 指定的角度的正切值
static double asin(double arg)	返回一个角度,该角度的正弦值由 arg 指定
static double acos(double arg)	返回一个角度,该角度的余弦值由 arg 指定
static double exp(double arg)	返回 arg 的 e
static double log(double arg)	返回 arg 的自然对数值
static double pow(double y, double x)	返回以 y 为底数、以 x 为指数的幂值
static double sqrt(double arg)	返回 arg 的平方根
static int abs(int arg)	返回 arg 的绝对值
static double ceil(double arg)	返回大于或等于 arg 的最小整数
static double floor(double arg)	返回小于或等于 arg 的最大整数
static int max(int x, int y)	返回 x 和 y 中的最大值
static int min(int x, int y)	返回 x 和 y 中的最小值
static int round(float arg)	返回 arg 的只入不舍的最近的整型(int)值

例程 8-10 MathDemo.java，常用数学函数的使用。

```java
package demo.math;
public class MathDemo {
    public static void main(String[] args) {
        System.out.println(Math.E);
        System.out.println(Math.PI);
        System.out.println(Math.sqrt(9.08));
        System.out.println(Math.pow(2, 3));
        System.out.println(Math.round(99.6));
        System.out.println(Math.abs(- 8.09));
        System.out.println(Math.ceil(3.99999));
        System.out.println(Math.random());
        System.out.println(Math.random());
        System.out.println("max one : " +Math.max(10, 50));
    }
}
```

程序运行的输出为：
2.718281828459045
3.141592653589793
3.0133038346638727
8.0
100
8.09
4.0
0.25882994353308697
0.06388099595454788
max one : 50

8.4 日期时间类

8.4.1 Date 类

java.util.Date 包装了一个 long 类型数据，表示与 GMT(格林尼治标准时间)的 1970 年 1 月 1 日 00:00:00 这一时刻所相距的毫秒数。Date 类以毫秒数来表示特定的日期和时间。

Date 类的常用方法如表 8-8 所示。

表 8-8 Date 类的常用方法

方法	描述
long getTime()	返回自 1970 年 1 月 1 日起至今的毫秒数的大小
void setTime(long time)	按 time 的指定，设置时间和日期，表示自 1970 年 1 月 1 日午夜至今的以毫秒为单位的时间值

续表

方法	描述
String toString( )	将 Date 对象转换成字符串表示
int compareTo(Date anotherDate)	比较 2 个日期的顺序
Object clone( )	复制 Date 对象

例程 8-11 DateTest.java,Date 类的一般用法。

```java
package demo.date;
import java.util.Date;
public class DateDemo {
    public static void main(String[] args) {
        Date now = new Date();
        System.out.println("默认 Date 格式:"
            + now.toString());
        System.out.println("从时间起点 1970-1-1 至今的毫秒值:"
            + now.getTime());
    }
}
```

程序运行的输出为:

默认 Date 格式:Thu Sep 22 13:42:32 CST 2016
从时间起点 1970-1-1 至今的毫秒值:1474522952232

8.4.2 DateFormat 类和 SimpleDateFormat 类

java.util.Date 类虽然取得的时间是一个非常正确的时间,但其显示格式不理想,不太符合中国人的习惯,因此常需要对其进行格式化操作,变为符合中国人习惯的日期时间格式。java.text.DateFormat 抽象类就可以用于定制日期的格式。

DateFormat 类是一个抽象类,无法直接实例化,但在此抽象类中提供了一些静态方法,可以直接取得本类的实例。常用的方法是 getDateInstance( )和 getDateTimeInstance( )。DateFormat 类的 parse(String text)方法可以实现按照特定的格式把字符串解析为日期对象。

SimpleDateFormat 是 DateFormat 的子类,它允许用户更具体地定制日期时间的格式。

例程 8-12 DateFormatDemo.java,格式化日期时间并将字符串解析为日期对象。

```java
package demo.date;
import java.text.DateFormat;
import java.text.ParseException;
import java.text.SimpleDateFormat;
import java.util.Date;
public class DateFormatDemo {
    public static void main(String[] args) {
        Date now = new Date();
        DateFormat df =
            new SimpleDateFormat("yyyy年 MM月 dd日 hh:mm:ss");
```

```
        System.out.println(df.format(now));
        try {
            Date date = new SimpleDateFormat
                ("yyyy-MM-dd hh:mm:ss").parse("2014-10-21 15:20:37");
            System.out.println(date.toString());
        } catch (ParseException e) {
            System.out.println(e.getMessage() +",转换失败");
        }
    }
}
```

程序运行的输出为：
```
2016年09月22日 01:45:44
Tue Oct 21 15:20:37 CST 2014
```

8.4.3 Calendar 类和 GregorianCalendar 类

Date 不允许单独获得日期或时间分量。Java 类库为完善此功能，定义了抽象类 Calendar。它提供了一组方法，允许将以毫秒为单位的时间转换为一组有意义的分量，比如年、月、日、小时、分钟和秒钟。GregorianCalendar 是 Calendar 的一个具体子类，提供了世界上大多数国家/地区使用的标准日历系统。

由 Calendar 定义的常用方法如表 8-9 所示。

表 8-9 Calendar 定义的常用方法

方　　法	描　　述
final int get(int field)	返回给定日历字段的值，日历字段由 field 指定，日历字段由 Calendar 定义的域表示，如 Calendar.YEAR, Calendar.MONTH, Calendar.DAY_OF_WEEK 等
final Date getTime( )	返回一个与调用对象的时间相同的 Date 对象
final void set (int field, int value)	将给定的日历字段设置为给定值，field 必须是由 Calendar 定义的域之一，例如 Calendar.HOUR

例程 8-13　CalendarDemo.java，显示日期中各字段值以及星期几的信息。

```
package demo.date;
import java.util.Calendar;
import java.util.GregorianCalendar;
public class CalendarDemo {
    public static void main(String[] args) {
        Calendar c = new GregorianCalendar();
        int year = c.get(Calendar.YEAR);
        int month = c.get(Calendar.MONTH) +1;
        int day = c.get(Calendar.DAY_OF_MONTH);
        int dayweek = c.get(Calendar.DAY_OF_WEEK);
        System.out.println("今天是:"
```

```
            + year +"- " +month +"-" +day +"   ");
        if (dayweek == 1) {
            System.out.println("星期天");
        } else {
            System.out.println("星期" + (dayweek - 1));
        }
    }
}
```

程序运行的输出为：

今天是：2016-9-22
星期 4

8.5 集 合 类

集合是一种数据结构,可以包含其他对象的引用,相当于装载其他对象的容器。合理地使用集合 API 可以为程序员提供多方面的便利,使程序员能集中注意力到程序的重要部分而无须过分关注底层设计,减少了程序设计中为转换对象类型而编写代码的工作量。

集合 API 通过提供对数据结构和算法的高性能和高质量实现,保证了程序的执行速度和质量。集合接口声明的是可以对每种集合类型所执行的各种方法,集合的实现类以特殊的方式执行这些方法。

Java 集合 API 分为两大类,即以 Collection 为接口的元素集合类型和以 Map 为接口的映射集合类型。Collection 类型又分为 Set 和 List,Collection 接口包含大量方法,用于添加、删除、比较集合中的元素,Collection 也可以转换成数组。集合框架的类、接口均位于 java.util 包。

Java 的集合框架如图 8-1 所示。

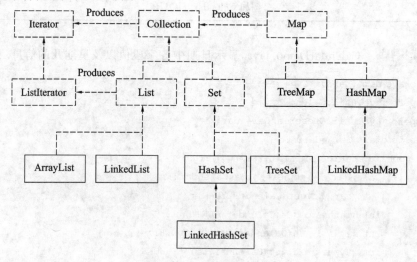

图 8-1 Java 的集合框架

集合框架中 Set 的特征是元素无重复且无序，因此 Set 接口及其实现类没有按下标进行添加、删除、访问的方法。Set 的实现类有 HashSet、TreeSet 以及子类 LinkedHashSet，这三个类是非线程安全的。TreeSet 是基于树结构的集合，LinkedHashSet 具备按照插入先后顺序访问的功能，HashSet 访问元素的顺序是不确定的，TreeSet 的访问顺序是按照树接口的顺序访问。

List 是能包含重复元素的有序集合，与数组一样，List 的首元素的索引也是 0。List 的实现类有 ArrayList、LinkedList，这两个都是非线程安全的，Vector 是线程安全的 List 实现类，Stack 是 Vector 的子类。

Map 的实现类有 HashMap、IdentityHashMap、WeakHashMap、TreeMap，以及 LinkedHashMap 子类，这些类都是非线程安全的，WeakHashMap 是一种改进的 HashMap，如果一个 key 不再被外部所引用，那么该 key 可以被垃圾回收器回收。HashTable 是线程安全的，HashTable 不能插入 null 空元素。

8.5.1 Collection 和 Iterator

迭代器可以实现对 collection 集合的迭代访问，即可以很方便地访问 Collection 集合中包含的每一个元素。Collection 接口提供了一个 iterator() 方法，用于获取集合中所有元素的迭代器，可以用此对象依次访问集合中的元素。

接口 Collection 的常用方法如表 8-10 所示。

表 8-10 Collection 的常用方法

方法	描述
boolean add(E e)	添加新元素到集合中
void clear()	清空集合中的所有元素
boolean contains(Object o)	判定集合是否已包含指定元素
boolean remove(Object o)	从集合中移除指定元素
boolean isEmpty()	判断集合是否为空
int size()	获取集合中元素个数
Object[] toArray()	获取集合中所有元素组成的数组
Iterator<E> iterate()	获取集合中所有元素的迭代器

迭代器 Iterator 的常用方法如表 8-11 所示。

表 8-11 Iterator 的常用方法

方法	描述
boolean hasNext()	如果仍有元素可以迭代，则返回 true
E next()	返回迭代的下一个元素
void remove()	从迭代器指向的 collection 中移除迭代器返回的最后一个元素

重复调用 next() 方法即可依次访问 Collection 集合中的元素，并在访问到达集合尾部时，抛出 NosuchElementExceptioin 异常。因此，调用 next() 方法前应先调用 hasNext() 方法判断

集合中是否还有下一个元素未访问,如果还有此迭代器未访问到的元素,hasNext()方法返回 true,否则返回 false。

如果需要访问集合中的所有元素,在满足 hasNext() 返回 true 的条件下,使用对应的 Iterator 对象反复调用 next()方法即可实现所有元素的遍历,代码模板如下所示:

```
Iterator  iter = coll.iterator();
while (iter.hasNext()){
    Object ob = iter.next();
    //对 ob 的其他操作
}
```

由于集合和迭代器支持使用泛型,因此集合和迭代器可操作的元素类型可以是用户自定义的各类具体类型,所有方法中以 E 表示实际使用的类型,在泛型技术讲解前只以一般类型为例讲述集合和迭代器。有关泛型的相关内容,参见后续章节。

8.5.2 List 的使用

List 接口是一种能包含重复元素的有序集合,与数组一样,List 的首元素的索引也是 0。

List 集合的特征:

◇ 元素有序排列;

◇ 可以有重复元素;

◇ 可以随机访问,使用元素索引添加、删除、访问元素等。

除了从 Collection 中继承的方法外,List 还提供了一些方法,用于操作所包含的元素,这些增加的常用方法如表 8-12 所示。

表 8-12 List 接口的常用方法

方　　法	描　　述
void add(int index, E element)	把新元素插入到集合中指定位置
E get(int index)	获取集合中指定位置的元素
int indexOf(Object o)	获取指定元素在集合中第一次出现的位置
int lastIndexOf(Object o)	获取指定元素在集合中最后出现的位置
E remove(int index)	删除指定位置的元素
E set(int index, E element)	用指定的元素替换指定位置上的元素
List<E>subList(int fromIndex, int toIndex)	获取集合中起止位置元素所组成的子列表

List 的实现类有 ArrayList、LinkedList、Vector 等。

ArrayList 的内部实现是基于内部数组 Object[],类似于可变长的数组。LinkedList 的内部实现是基于一组连接的记录,类似于一个链表结构。

在 ArrayList 的前面或中间插入数据时,必须将其后的所有数据相应地后移,花费较多时间,所以,当程序添加元素主要是在后面,并且需要随机地访问其中的元素时,优先使用 ArrayList 会得到比较好的性能。

访问 LinkedList 中的某个元素时,就必须从链表的一端开始沿着连接方向一个一个元素地去查找，直到找到所需的元素为止，但在添加元素到原有元素中间时效率很高，所以，当程序需要经常在指定位置添加元素，并且按照顺序访问其中的元素时，优先使用 LinkedList。

ArrayList 类常用方法与 List 接口基本相同，LinkedList 类则比 List 接口多了一些方便操作头元素和尾元素的方法，增加的常用方法如表 8-13 所示。

表 8-13 LinkedList 增加的常用方法

方法	描述
void addFirst(E e)	把新元素插入到列表中的最前位置
void addLast(E e)	把新元素插入到列表中的最后位置
E getFirst( )	获取列表中最前位置的元素
E getLast( )	获取列表中最后位置的元素
E peek( )	获取列表中最前位置的元素，但此元素仍保留在列表中
E peekFirst( )	获取列表中最前位置的元素，但此元素仍保留在列表中
E peekLast( )	获取列表中最后位置的元素，但此元素仍保留在列表中
E poll( )	获取列表中最前位置的元素，同时把此元素从列表中删除
E pollFirst( )	获取列表中最前位置的元素，同时把此元素从列表中删除
E pollLast( )	获取列表中最后位置的元素，同时把此元素从列表中删除
E pop( )	从栈中弹出栈顶元素
void push(E e)	把指定元素压入到栈顶

例程 8-14 Student.java，ArrayListDemo.java，使用 ArrayList 存一个学生列表并显示列表中每个学生的信息。

```
package demo.list;
public class Student {
    String name;
    int age;
    public Student(String name, int age) {
        this.name = name;
        this.age = age;}
    public String toString() {
        String stuInfo = "姓名:" +name +"\n年龄:" +age;
        return stuInfo;
    }
    public String getName() {
        return name;
    }
    public void setName(String name) {
        this.name = name;
    }
    public int getAge() {
        return age;
```

```
    }
    public void setAge(int age) {
        this.age = age;
    }
}
package demo.list;
import java.util.ArrayList;
import java.util.Iterator;
import java.util.List;
public class ArrayListDemo {
    public static void main(String[] args) {
        List stus = new ArrayList();
        Student tom = new Student("Tom", 19);
        Student jerry = new Student("Jerry", 19);
        Student tony = new Student("Tim", 20);
        Student kate = new Student("Kate", 19);
        stus.add(tom);
        stus.add(jerry);
        stus.add(tony);
        stus.add(kate);
        Iterator iter = stus.iterator();
        System.out.println("Student List:");
        while (iter.hasNext()) {
            Student stu = (Student) iter.next();
            System.out.println(stu.getName() +"," +stu.getAge());
        }
    }
}
```

程序运行的输出为：

```
Student List:
Tom,19
Jerry,19
Tim,20
Kate,19
```

例程 8-15 LinkedListDemo.java,通过 LinkedList 进行学生姓名操作。

```
package demo.list;
import java.util.Iterator;
import java.util.LinkedList;
public class LinkedListDemo {
    private static String[] studentNames
        = {"张三", "李四", "王五" };
    private LinkedList list = null;
    public static void main(String[] args) {
```

```java
        LinkedListDemo test = new LinkedListDemo();
        test.initList();// 初始化列表
        test.showAllElements();// 显示列表中所有元素
        System.out.println("peek 的返回值为:" + test.peek());
        test.showAllElements();
        System.out.println("pop 的返回值为:" + test.pop());
        test.showAllElements();
    }
    // 初始化列表
    public void initList() {
        list = new LinkedList();
        list.push(studentNames[0]);
        // 压入元素到栈顶
        list.addFirst(studentNames[1]);
        // 添加元素到当前列表最前位置
        list.addLast(studentNames[2]);
        // 添加元素到当前列表最后位置
    }
    // 显示所有元素
    public void showAllElements() {
        System.out.println("共有元素" + list.size() + "个:");
        Iterator iter = list.iterator();
        while (iter.hasNext()) {
            System.out.print(iter.next() + "   ");
        }
        System.out.println();
    }
    // 取首元,但此元素仍保留在列表中
    public Object peek() {
        return list.peek();
    }
    // 取栈顶元素,同时把此元素从列表中删除
    public Object pop() {
        return list.pop();
    }
}
```

程序运行的输出为:

共有元素 3 个:
李四   张三   王五
peek 的返回值为:李四
共有元素 3 个:
李四   张三   王五
pop 的返回值为:李四

共有元素 2 个：
张三 王五

8.5.3 Set 的使用

Set 接口是一种无重复元素的集合。集合 API 中包含多种 Set 实现类，主要为 HashSet、TreeSet、SortedSet 及 LinkedHashSet。就常用方法而言，Set 接口与 Collection 接口基本一致。

HashSet 类是将元素存储在散列表中，适合用于不需要有序的元素序列，并能实现快速查找特定元素的功能。如果想要提高 HashSet 的性能，可以指定 HashSet 中元素的个数；如果大约知道 HashSet 中最终会插入多少元素，可以把元素个数设置为其值的 1.5 倍；如果元素过多，将导致 HashSet 检索性能下降。

例程 8-16   HashSetDemo.java，使用 HashSet 存一个学生集合并显示其中每个学生的信息。学生类型采用例程 8-14 创建的 demo.list.Student。

```java
package demo.set;
import java.util.HashSet;
import java.util.Iterator;
import java.util.Set;
public class HashSetDemo {
    public static void main(String[] args) {
        Set stus = new HashSet();
        Student tom = new Student("汤姆", 19);
        Student jerry = new Student("杰瑞", 19);
        Student tony = new Student("安东尼", 20);
        Student kate = new Student("凯特", 19);
        stus.add(tom);
        stus.add(jerry);
        stus.add(tony);
        stus.add(kate);
        Iterator iter = stus.iterator();
        System.out.println("学生列表:");
        while (iter.hasNext()) {
            Student stu = (Student) iter.next();
            System.out.println(stu.getName() + "," + stu.getAge());
        }
    }
}
```

程序运行的输出为：

学生列表：
安东尼,20
汤姆,19
杰瑞,19
凯特,19

例程 8-17 HashSetTest.java，使用 HashSet 进行学生姓名操作。

```java
package demo.set;
import java.util.HashSet;
import java.util.Iterator;
public class HashSetTest {
    private static String[] stuNames
        = {"张三", "李四", "王五", "陈六", "赵七", "李四" };
    public static void main(String[] args) {
        HashSet names = new HashSet(10);// 指定容量
        for (int i = 0; i < stuNames.length; i++ ) {
            names.add(stuNames[i]);// 添加元素
        }
        Iterator iter = names.iterator();// 获得迭代器
        while (iter.hasNext()) {
            System.out.print(iter.next() +"  ");
        }
        System.out.println();
        // 容量不同，则元素存储顺序发生改变
        names = new HashSet(100);// 指定不同容量
        for (int i = 0; i < stuNames.length; i++) {
            names.add(stuNames[i]);// 添加元素
        }
        iter = names.iterator();// 获得迭代器
        while (iter.hasNext()) {
            System.out.print(iter.next() +"  ");
        }
    }
}
```

程序运行的输出为：

李四　张三　王五　陈六　赵七
陈六　赵七　李四　张三　王五

此例程中开始就指定了 HashSet 的容量，并添加了重复元素"李四"，但实际上，HashSet 并不存储重复元素，在输出 HashSet 中的元素时，"李四"只出现了一次。第二次创建 HashSet，添加了相同的元素，但由于 HashSet 的容量改变的影响，元素存储的顺序也发生了变化。

TreeSet 将元素存储在树中，但元素按有序方式存储，可以按任何次序向 TreeSet 中添加元素，但遍历 TreeSet 时，元素出现的序列是有序的。在 TreeSet 中插入元素的效率要低于在 HashSet 中插入元素，但比把元素插入到数组或链表的合适位置要快。

TreeSet 增加的常用方法如表 8-14 所示。

表 8-14　TreeSet 增加的常用方法

方　　法	描　　述
E first()	获得当前第一个（最低）元素

续表

方法	描述
E floor(E e)	获得当前集合中小于等于指定元素的最大元素
E higher(E e)	获得当前集合中大于指定元素的最小元素
E last( )	获得最后(最大)元素
E pollFirst( )	获得第一个(最低)元素,并把此元素从集合中删除
E pollLast( )	获得最后(最高)元素,并把此元素从集合中删除

例程 8-18 TreeSetDemo.java,通过 TreeSet 进行学生姓名操作。

```
package demo.set;
import java.util.Arrays;
import java.util.Iterator;
import java.util.TreeSet;
public class TreeSetDemo {
    private static String[] stuNames
        = {"张三","李四","王五","陈六","赵七","李四" };
    public static void main(String[] args) {
        TreeSet names = new TreeSet(Arrays.asList(stuNames));
        Iterator iter = names.iterator();
        while (iter.hasNext()) {
            System.out.print(iter.next() +"   ");
        }
        System.out.println();
        names = new TreeSet();
        int i = stuNames.length - 1;
        for (; i >= 0; i--) {
            names.add(stuNames[i]);
        }
        iter = names.iterator();
        while (iter.hasNext()) {
            System.out.print(iter.next() +"   ");
        }
    }
}
```

程序运行的输出为:
　　张三　李四　王五　赵七　陈六
　　张三　李四　王五　赵七　陈六

此例程中添加重复元素后,TreeSet 自动删除重复元素,按不同方式添加元素后,所有元素排列结果相同,因此输出结果是相同的。

8.5.4 Map 的使用

有时进行元素查找时,希望通过某些关键信息来查找与之相关的对象,比如地址簿中通过姓名查找相应的地址。映射类就是解决此类问题的数据结构之一，映射类储存的数据是"键/值"对，将"键"与"值"关联起来，给出键 key 就可以查找到与之相关的值 value。

Map 接口是映射类的顶层接口，SortedMap 接口提供了排序功能，最经常使用到的已实现 Map 接口的类有 HashMap 和 TreeMap。HashMap 对"键"进行散列；TreeMap 实现了 SortedMap 接口，通过用排序方法根据元素的键的排序结果把元素组织到树中。

Map 接口的常用方法如表 8-15 所示。

表 8-15 Map 接口的常用方法

方 法	描 述
void　clear( )	清空所有元素
boolean　containsKey(Object key)	判断是否包含指定的键
boolean　containsValue(Object value)	判断是否包含指定的值
Set<Map, Entry<K, V>>entrySet( )	获得 Map 中的映射组成的集合
boolean　equals(Object o)	判断是否等于指定的对象
V　get(Object key)	获得指定键对应的值
int　hashCode( )	获得映射对象的散列值
boolean　isEmpty( )	判断是否为空
Set<K>　keySet( )	获得键所组成的集合
V　put(K key, V value)	建立指定键与值之间的关联
void　putAll(Map<? Extends K, ? extends V>　m)	复制映射
V　remove(Object key)	删除指定的键及关联的值
int　size( )	获得映射中的键/值对的数量
Collection<V>　values( )	获得所有值所组成的集合

Map 接口的子接口 SortedMap 增加的常用方法如表 8-16 所示。

表 8-16 SortedMap 增加的常用方法

方 法	描 述
Comparator<? super E> comparator( )	获得排序比较器
K firstKey( )	获得第一个（最低）键
K lastKey( )	获得最后一个（最高）键
SortedMap<K,V>　subMap(K fromKey, K toKey)	获得键在 fromKey 和 toKey 之间的子映射
Set<Map, Entry<K, V>>entrySet( )	获得 Map 中的映射组成的集合
SortedMap<K,V>　headMap(K toKey)	获得键小于 toKey 的子映射
SortedMap<K,V>　tailMap(K fromKey)	获得键大于等于 fromKey 的子映射

例程 8-19　Employee.java，HashMapTest.java，使用 HashMap 对员工信息进行操作。

```
package demo.map;
public class Employee {
    private String id;
```

```java
        private String name;
        public Employee(String id, String name){
            this.id = id;
            this.name = name;
        }
        public String getId() {
            return id;
        }
        public String getName() {
            return name;
        }
        public String toString(){
            return name +",IdCard:" +id;
        }
}
package demo.map;
import java.util.HashMap;
import java.util.Iterator;
import java.util.Map;
import java.util.Set;
public class HashMapDemo {
    public static void main(String[] args) {
        Map staff = new HashMap();
        Employee newEmp = new Employee("01", "张三");
        staff.put(newEmp.getId(), newEmp);
        newEmp = new Employee("02", "李四");
        staff.put(newEmp.getId(), newEmp);
        newEmp = new Employee("03", "王五");
        staff.put(newEmp.getId(), newEmp);
        newEmp = new Employee("04", "陈六");
        staff.put(newEmp.getId(), newEmp);
        newEmp = new Employee("05", "赵七");
        staff.put(newEmp.getId(), newEmp);
        newEmp = new Employee("05", "赵七");
        staff.put(newEmp.getId(), newEmp);
        //打印所有元素
        System.out.println(staff);
        //删除指定键关联的值
        staff.remove("03");
        System.out.println(staff);
        //替换指定键关联的值
        staff.put("04",
            new Employee("06", "新员工"));
```

```
            System.out.println(staff);
            //查找指定键关联的值
            System.out.println(staff.get("02"));
            //迭代所有元素
            Set entries = staff.entrySet();
            Iterator iter = entries.iterator();
            while (iter.hasNext()){
                Map.Entry entry = (Map.Entry)iter.next();
                Object key = entry.getKey();
                Object value = entry.getValue();
                System.out.println("key=" + key
                    + ", value=" +value);
            }
        }
    }
```

程序运行的输出为:

```
{01=张三,IdCard:01, 02=李四,IdCard:02, 03=王五,IdCard:03, 04=陈六,IdCard:04, 05=赵七,IdCard:05}
{01=张三,IdCard:01, 02=李四,IdCard:02, 04=陈六,IdCard:04, 05=赵七,IdCard:05}
{01=张三,IdCard:01, 02=李四,IdCard:02, 04=新员工,IdCard:06, 05=赵七,IdCard:05}
李四,IdCard:02
key=01, value=张三,IdCard:01
key=02, value=李四,IdCard:02
key=04, value=新员工,IdCard:06
key=05, value=赵七,IdCard:05
```

例程 8-20 TreeMapDemo.java,使用 TreeMap 存一个学生集合并显示其中每个学生的信息。学生类型采用例程 8-14 创建的 demo.list.Student。

```java
        package demo.map;
        import java.util.Iterator;
        import java.util.Map;
        import java.util.Set;
        import java.util.TreeMap;
        import demo.list.Student;
        public class TreeMapDemo {;
            public static void main(String[] args) {
                Map stus = new TreeMap();
                Student tom = new Student("汤姆", 19);
                Student jerry = new Student("杰瑞", 19);
                Student tony = new Student("安东尼", 20);
                Student kate = new Student("凯特", 19);
                stus.put("01", tom);
                stus.put("02", jerry);
                stus.put("03", tony);
```

```
            stus.put("04", kate);
            // 取 Map 中所有学生的集合
            Set stuSet = stus.entrySet();
            Iterator iter = stuSet.iterator();
            while (iter.hasNext()) {
                Map.Entry entry = (Map.Entry) iter.next();
                // 取得映射项,即 key-value 对
                String key = (String) entry.getKey();
                Student stu = (Student) entry.getValue();
                System.out.println(key +" : "
                    + stu.getName() +"," +stu.getAge());
            }
        }
    }
```

程序运行的输出为:
```
01:汤姆,19
02:杰瑞,19
03:安东尼,20
04:凯特,19
```

8.5.5 泛型

泛型是在 Java SE 1.5 中引入的新特性,在此之前,Java 通过对类型 Object 的引用来实现参数类型的"任意化",特点则是需要进行显式地强制类型转换,但编译器无法发现强制类型转换可能引起的异常,异常只有在运行时才出现,成为系统的安全隐患。

泛型的本质是参数化类型,即所操作的数据类型被指定为一个参数,此参数类型可以用在类、接口和方法的声明及创建中,分别被称为泛型类、泛型接口及泛型方法。在 Java SE 1.5 之后,集合框架中的接口和类都已经泛型化,但仍能按原型方式(没有任何参数的泛型被称为原型)使用,但 JDK5 编译器希望使用带参数的泛型,否则将提示警告信息。

使用泛型的优点:

(1)编译器在编译时进行严格的类型安全检查,最大可能地消除了强制类型转换可能引起的系统安全隐患;

(2)所有的强制类型转换都是自动和隐式地进行的,提高了代码的重用率。

使用泛型的主要规则为:

(1)泛型的类型参数只能是类类型(包括自定义类),不能是简单类型;

(2)同一种泛型可以对应多个版本,不同版本的泛型,类实例不兼容;

(3)泛型的类型参数可以有多个;

(4)泛型的参数类型可以使用 extends;

(5)泛型的参数类型还可以是通配符类型。

例程 8-21　集合不使用泛型的情形:集合中获取元素后,进行强制类型转换时,由于和原始插入元素类型与目标类型不一致,运行时将抛出异常。

```java
package demo.generictype;
import java.util.ArrayList;
import java.util.List;
public class NoGenericTypeDemo {
    public static void main(String[ ] args) {
        List names = new ArrayList();
        names.add("张三");//添加字符串对象
        names.add(new Integer(4));//添加 Integer 类型对象
        String nameFirst = (String)names.get(0);//正常运行
        //运行时抛出 java.lang.ClassCastException 异常,而且编译时无法发现
        String nameSecond = (String)names.get(1);
    }
}
```

泛型是用<>传递参数的,声明一个泛型和声明一个普通类没有区别,只需要把泛型的变量放在<>中。

例如,在 Java SE 1.5 之后的版本中,接口 List 的完整类型是 List<E>,声明使用泛型的 List 类型变量的代码为:

  List<E> myList;

其中,E 为类型变量,意味着此变量将被一个类型替代,替代类型变量的值将被当作参数或返回类型。对于 List 接口来说,当一个实例被创建以后,E 将被当作一个 add 或别的函数的参数,E 也会是 get 或别的参数的返回值。程序员可以根据实际需要,在声明变量时,指定 List 中将存储的元素的具体类型,如:List<String> stringList;。

把例程 8-21 的 NoGenericTypeDemo 进行泛型改造,如例程 8-22 所示,改造后的 List<String> names,表明 names 集合中只能存储 String 类型元素,其所对应的 add(E e)方法中的参数 e 的类型被限定为 String 类型,在添加 Integer 类型元素时,编译器将发现其语法错误。

例程 8-22 GenericTypeDemo.java,对集合使用泛型。

```java
package demo.generictype;
import java.util.ArrayList;
import java.util.List;
public class GenericTypeDemo {
    public static void main(String[ ] args) {
        //创建一个只能插入 String 类型元素的 List 对象
        List< String>  names = new ArrayList< String> ();
        names.add("张三");
        System.out.println(names.get(0));
        // 下一行代码无法编译通过,使用泛型后编译器将进行类型检查
        names.add(new Integer(4));//添加到 List 中的只能是 String 类型的对象
    }
}
```

读者可自行尝试将前述例程进行改写,对集合使用泛型,令程序代码的安全性更好。

要点提醒：

◇字符串可以分为两个大类，一类是创建之后就不会再做任何修改和变动的字符串常量String，另一类是创建之后允许再做更改和变化的字符串变量StringBuffer。

◇String类和StringBuffer类都在java.lang中定义，因此它们可以自动地被所有程序使用。两者均被说明为final，即两者均不含子类。

◇使用StringTokenizer时，指定一个输入字符串和一个包含了分隔符的字符串。分隔符是分隔标记的字符，如空格符、换行符、回车符、Tab符等。

◇Math类支持各种数学运算及其他的有关运算，Math提供的方法都是静态的，通过类名直接调用。

◇Date、DateFormat和Calendar及GregorianCalendar提供了对日期和时间进行处理的方法。

◇对于初学者而言，了解常用的API是非常必要的，这为我们在以后的应用过程中节省了不少的时间，不过对于所有API类我们也不需要全部学习完，因为好的程序员应懂得利用工具，可以提前通读JDK文档中大部分类及类中的方法，等到有具体的实际需求时再查阅JDK文档即可。

实训任务

［**实训 8-1**］统计字符串"text = text.replaceAll(keyWords[i], replacement);"中有多少个字母"t"，并将其替换为"T"。

［**实训 8-2**］将"2015－10－23"格式的日期字符串转换成"2015年10月23日"。

［**实训 8-3**］接收用户输入的一个字符串和一个字符，把字符串中所有指定的字符删除后输出。

［**实训 8-4**］编程判断一个字符串是否是回文。

［**实训 8-5**］使用集合类，存储5个学生的基本信息，并打印所有同学的姓名。

［**实训 8-6**］使用映射类，存储5个学生的基本信息，存储时根据学号进行排序，并打印出所有同学的详细信息。

项目 9 异常处理

本章目标

- 理解异常及其作用
- 使用 try-catch-finally 语句捕获和处理异常
- throw、throws 关键字的使用

9.1 异常概述

世界上没有完美的程序，也就是说，没有任何一个程序能够保证完全正确。突如其来的问题可能会使用户想打开的文件不存在，或者网络连接中断，又或者正在装载的类文件丢失。这些问题都会让用户感到不愉快，使得用户界面不友好。这些意料外的错误对于一个公司或者企业来说会造成非常严重的后果，一般来说，如果一个程序经常出错，用户就不会再使用了。因此，为了避免这些可能发生的严重后果，程序员必须做到及时向用户通告错误、保存用户所有的操作结果以及允许用户选择适当的形式退出程序。

程序开发中一般会出现两种问题：

第一种，在编译期间被检测出来的错误，我们称之为语法错误，比如关键字拼写错误、语句丢失分号、变量名未定义等。如果程序中存在这类错误，将不能编译通过，不能生成字节码。

第二种，没有语法错误，编译成功了，但在程序运行期间出现错误，我们称之为运行错误，比如被访问对象没有正常初始化、访问数组元素时下标值超出范围等。这种运行错误如果没有得到及时的处理，可能会造成程序提前中断、数据遗失乃至系统崩溃等问题。这种运行错误也就是我们所说的"异常"。

一些早期语言虽然也具有多种错误处理模式，但这些模式不属于语言的一部分，而是建立在约定俗成的基础上的。这些模式是要求程序员检查和判断程序中所有可能发生的情况，一旦发生异常，则将程序转到分支程序去处理，并返回到主程序中。但是，如果每次调用方法时都进行彻底、细致的错误检查，那么代码会变得很难阅读，从而降低代码可读性。尤其是对于一些大型、健壮的程序来说，它们是非常难于修改和维护的。因此，这种错误处理模式已经不再适用，甚至成为构造程序的障碍。

为了解决这种需要由程序员承担程序出错情况判断的不正规处理模式所带来的困难和阻碍，Java 引入了异常处理机制，通过代码运行到出现错误的时候由系统抛出一个运行时异常，

Java 程序可以很容易地捕获并处理发生的异常情况。

Java 把异常当作对象来处理,并引入了异常类 Exception 的概念。每个异常类都对应着一种常见的运行错误,类中包含这个运行错误的信息和处理错误的方法等相关内容。

当 Java 程序运行过程中发生一个可识别的运行错误时,系统会封装一个相应的该异常类的对象,当异常对象产生后就将其抛出到其调用程序中,并发出已经发生问题的信号,然后调用方法捕获抛出的异常,在可能时,再恢复回来。这种方案可以让程序员选择如何写处理程序,从而处理异常,同时,还能避免产生死循环、数据遗失等损害,从而保证整个程序运行的安全性。

在 Java 中,定义了一个基类 java.lang.Throwable 作为所有异常的父类。所有异常类型都是类 Throwable 的子类。Throwable 类派生了两个子类,即 Error(错误)和 Exception(异常)。其中 Error 类由系统保留。Error 类是程序无法处理的错误。它描述了 Java 程序运行期间系统内部的错误以及资源耗尽的情况。因此当遇到这些异常时,Java 虚拟机会选择线程终止,Java 程序不做处理。而 Exception 类是应用程序本身可以处理的异常。

Java 的异常类的层次结构如图 9-1 所示。

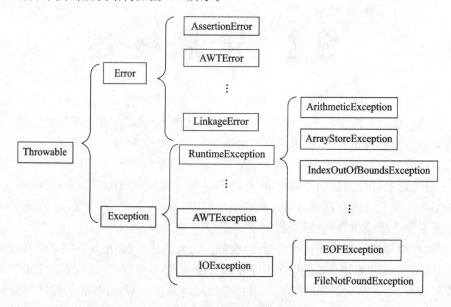

图 9-1　Java 的异常类层次结构

Exception 类分为两大类:运行时异常和非运行时异常。

运行时异常是指的 RuntimeException 及其衍生出来的子类异常(如 ArithmeticException、ArrayStoreException 等)。这些异常在进行代码编译时编译器不会进行检查是否进行了异常处理,它们一般是由程序逻辑错误引起的,比如在进行算术运算时除数为 0。

非运行时异常是指的 RuntimeException 以外的 Exception 子类(如 IOException、SQLException 等)以及这些异常衍生出来的子类异常(如 EOFException)。这些异常一般是由于不可预测因素造成的,使得语法正确的程序出现了问题。

RuntimeException 一般是由编程错误产生的,出现这类异常时,程序员需调试程序,避免这类异常的产生,该类异常一般包括错误的造型、数组越界存取、空指针访问等。

衍生于 Exception 的其他子类的异常一般是由于不可预测因素造成的，使得语法正确的程序出现了问题，该类异常一般包括试图越过文件尾继续存放、试图打开一个错误的 URL 等。在程序中发生这种错误时，发现错误的方法能抛出一个异常到其调用程序，然后调用方法捕获抛出的异常，在可能时，再恢复回来。这个方案给程序员一个写处理程序的选择，来处理异常。

Exception 类的构造方法如下：

public Exception( )

public Exception(String　message)

public Exception(String　message，Throwable　cause)

public Exception(Throwable　cause)

其中：第二个构造方法可以接收字符串参数传入的信息，该信息通常是对该异常所对应的错误的描述，可以使用异常对象的 getMessage( )获得该信息；第三个构造方法中 cause 参数保存出错原因，便于以后使用 Throwable.getCause( )方法重获。表 9-1 所示为 Exception 类的常用方法。

表 9-1　Exception 类的常用方法

方　　法	描　　述
Exception( )	默认构造方法
Exception(String　msg)	构造方法，参数 msg 是对此异常的描述
Exception(String　msg,Throwable　cause)	构造方法，参数 msg 是对此异常的描述，cause 是出错的原因
String　getMessage( )	该方法返回 Exception(String　msg)构造方法中参数 msg 所定义的字符串值
String　toString( )	该方法返回一条包含该类类名和指出所发生问题的描述性消息的字符串，Throwable 的所有子类均继承该方法
void　printStackTrace( )	该方法没有返回值，它的功能是完成一个打印操作，在当前的标准输出上打印输出当前例外对象的堆栈使用轨迹

例程 9-1　IntDivide.java，实现整数除法运算未处理异常的情形。

```
package ch09;
import java.util.Scanner;
public class IntDivide {
    public static void main(String[] args) {
        System.out.println("请输入 2 个整数:");
        Scanner scan = new Scanner(System.in);
        int n1 = scan.nextInt();
        int n2 = scan.nextInt();
        int result = n1 / n2;
        System.out.println(n1 +" / " +n2 +" = " +result);
        System.out.println("End...");
    }
}
```

程序的一次运行：
　　请输入 2 个整数：
　　10
　　0
　　Exception in thread "main"java.lang.ArithmeticException: / by zero
　　　　at ch09.IntDivide.main(IntDivide.java:9)

用户输入的 2 个整数分别为 10 和 0 的这一次运行，由于除数为 0，整数除法运算/在运行期间产生了异常，导致程序提前终止了运行，最终使输出"End…"的语句没有机会执行。

上述代码没有编译错误，而是程序运行期间产生的错误，这就是"异常"。

程序的另一次运行：
　　请输入 2 个整数：
　　10
　　2
　　10 / 2 = 5
　　End...

用户输入的 2 个整数分别为 10 和 2 的这一次运行，运行期间没有产生异常，最终程序正常结束。

9.2 处理异常

为了避免程序运行时遇到异常而不友好地自动终止，Java 语言采用了积极的异常处理方式：try-catch-finally 语句来处理异常。这条语句可以将可能发生异常的代码段监控起来，并能定义异常发生之后的处理代码。

try-catch-finally 异常处理语句的完整语法结构如下：

```
try{
//需要监视异常的代码块，该区域如果发生异常就匹配 catch 来决定程序如何处理
}
catch(异常类型1  异常的变量名1){
    //处理异常语句组 1
}
catch(异常类型2  异常的变量名2){
    //处理异常语句组 2
}……
finally{
    //最终执行的语句组
}
```

try 代码块中包含了可能抛出异常的代码段，该代码段就是捕获并处理异常的范围。在运行过程中，该段代码可能会产生并抛出一个或多个异常。在没有 finally 配合时，每个 try 子句后面必须跟随一个或多个 catch 子句，catch 子句用于捕获 try 代码块所产生的异常并对异常

进行处理。如果没有产生异常,其后所有的catch代码块都会被跳过而不被执行。

finally子句为异常处理提供了统一的出口,能够对程序的状态做统一的管理。无论try代码块中是否抛出异常,或者catch子句的异常类型是否与所抛的异常的类型匹配,finally子句都将在其他语句执行后执行。一般来说,在finally子句中可以进行资源清理工作,比如数据库读写操作(查询、添加、修改等)完毕后,可以在finally子句关闭数据库连接对象。

finally子句是可以缺省的,如无必要,可以省略此子句。

catch子句有一个Throwable类型的参数,用于声明可捕获异常的类型。程序运行时,当try代码块产生异常,被抛出的异常对象会被类型匹配的catch子句捕获。catch子句的目的是解决异常情况并且像错误没有发生一样使程序能继续运行下去。

程序设计时一般应该按照try代码块中异常可能产生的顺序及其真正类型来进行捕获和处理,尽量避免选择最一般的类型作为catch子句中指定要捕获的类型。一旦被抛出的异常与某一个catch子句匹配,就不再和别的catch子句进行匹配。

如果方法中的某一语句抛出一个没有在相应的try-catch块中处理的异常,那么这个异常就被抛出到调用方法中,如果异常也没有在调用方法中被处理,它就被抛出到该方法的调用程序,这个过程要一直延续到异常被处理,如果异常到这时还没被处理,它便回到main()方法,而且若main()方法不处理它,那么程序就会异常地中断,并且打印错误堆栈轨迹。

需要强调的是,try、catch和finally三个语句块都不能单独使用,三者可以组成三种结构,分别是try-catch-finally、try-catch和try-finally,其中,catch子句可以有一个或多个,但是finally语句至多只能一个。

例程 9-2 IntDivide2.java,改进例程9-1,使用异常处理语句进行异常的处理。

```java
package ch09;
import java.util.Scanner;
public class IntDivide2 {
public static void main(String[] args) {
    System.out.println("请输入2个整数:");
    Scanner scan = new Scanner(System.in);
    int n1 = scan.nextInt();
    int n2 = scan.nextInt();
    try{
        int result = n1/n2;
        System.out.println(n1 +" / " +n2 +" = " +result);
    }catch(ArithmeticException e){
        System.out.println("程序出现异常:"+ e.getMessage()
            + ",但程序不会就此终止");
        System.out.println("由于输入错误,运算无法进行!");
    }
    System.out.println("End...");
  }
}
```

程序的一次运行：

请输入2个整数：
10
0
程序出现异常:/ by zero,但程序不会就此终止
由于输入错误,运算无法进行！
End...

进行异常处理之后，即使用户输入的除数为0也不会像例程9-1一样运行期间报错了，对用户来说这样的程序更友好、更健壮。

try子句如果抛出多种异常类型，可以使用多个catch子句分别捕获和处理。

例程9-3 IntDivide3.java, try子句抛出多种异常。

```java
package ch09;
import java.util.InputMismatchException;
import java.util.Scanner;
public class IntDivide3 {
    public static void main(String[] args) {
        System.out.println("请输入2个整数:");
        Scanner scan = new Scanner(System.in);
        try {
            int n1 = scan.nextInt();
            int n2 = scan.nextInt();
            int result = n1 / n2;
            System.out.println(n1 +" / " +n2 +" = " +result);
        } catch (InputMismatchException e) {
            System.out.println("输入格式错误,请务必输入整数!");
        } catch (ArithmeticException e) {
            System.out.println("程序出现异常:"
                + e.getMessage() +",但程序不会就此终止");
            System.out.println("由于输入错误,运算无法进行!");
        }
        System.out.println("End...");
    }
}
```

程序的一次运行：

请输入2个整数：
10
a
输入格式错误,请务必输入整数！
End...

Scanner的nextInt()方法要求必须按整数格式进行输入，如果输入格式不合要求，则会产生InputMismatchException异常。

这一次运行用户输入的除数的格式不正确，产生InputMismatchException异常。

程序的另一次运行：
```
请输入 2 个整数：
10
0
程序出现异常：/ by zero,但程序不会就此终止
由于输入错误,运算无法进行！
End...
```
这一次运行,用户输入的数据格式是正确的,但输入的除数为 0,产生 ArithmeticException 异常。

程序的再一次运行：
```
请输入 2 个整数：
10
2
10 / 2 =  5
End...
```
这一次运行,用户输入的数据格式和数值都没有问题,程序完成除法运算和输出后正常终止。

需要注意的是,父类异常能捕获子类异常,Java 规定,当多个 catch 子句一起使用的时候,父类异常必须放在子类异常的后面,否则会出现抛出的异常被父类异常捕获后其后面捕获子类异常的代码根本就没有机会执行的情况。

修改 IntDivide3.java 的代码,将 catch(Exception e)子句置于所有 catch 子句的最前面,编译阶段就会报错,如图 9-2 所示,请注意异常顺序的影响。

```
}catch(Exception e){
    System.out.println(e.getMessage());
}
catch(InputMismatchException e){
    System.out.println("输入格式错误，请务必输入整数！");
}catch(ArithmeticException e){
    System.out.println("程序出现异常："+e.getMessage()
        +"，但程序不会就此终止");
    System.out.println("由于输入错误，运算无法进行！");
}
System.out.println("End...");
```

图 9-2　异常顺序的影响

try-catch-finally 语句中,finally 子句是可以缺省的,如果不缺省 finally 子句:不论 try 子句是否抛出异常,整个 try-catch-finally 语句的出口都是 finally 子句,即 finally 子句存在则必被执行。

例程 9-4　FinallyDemo.java,使用 finally 子句。

```
package ch09;
import java.util.Scanner;
public class FinallyDemo {
public static void main(String[] args) {
```

```
            System.out.println("请输入 1 个整数:");
            Scanner scan = new Scanner(System.in);
            String strInt =   scan.nextLine();
            try {
                int n = Integer.parseInt(strInt);
                System.out.println("您输入的是:" +n);
            } catch (NumberFormatException e) {
                System.out.println(e.getMessage() +",输入格式错误!");
            } finally {
                System.out.println("无论如何会执行 finally!");
            }
        }
    }
```

程序的一次运行:

请输入 1 个整数:
a
For input string: "a",输入格式错误!
无论如何会执行 finally!

程序的另一次运行:

请输入 1 个整数:
10
您输入的是:10
无论如何会执行 finally!

无论异常产生与否,只要 finally 子句存在,总会被执行。

异常处理语句还可以嵌套使用,比如可以在一个 try 代码块中包含另一个 try 代码块,当内层 try 块抛出一个异常对象时,首先由内层的 catch 子句进行匹配,若匹配成功,则由该 catch 子句处理,否则由外层 try 块的 catch 子句处理。读者可以自己尝试将上述示例按照嵌套的异常处理语句形式进行改写。

9.3 throw 和 throws 关键字

有些时候异常的抛出并不是系统出错产生的,而是人为地抛出的。如果希望人为地定义某些情况对应产生了某种异常对应的错误,并抛出这个异常类的对象,就必须借助 throw 语句来完成。

throw 语句通过显式地抛出一个异常对象,来告诉编译器此处要发生一个异常。

throw 语句格式如下:

    < throw >　异常对象;

其中,异常对象的类型有严格要求。该对象必须是 Throwable 类的对象或 Throwable 子类的对象。基本数据类型(如 int 型、char 型等)以及非 Throwable 类(如 String、Object 等)的对象,不能用作异常抛出。

项目9 异常处理

程序运行时会在 throw 语句处立即终止,转向 catch 子句寻找异常处理方法,不再执行 throw 后面的语句。通常,throw 语句与自定义的异常配合使用,常放在 if 的子句中。例如:

```
if(异常条件成立)  throw  异常对象;
```

如果方法体内有未捕获的异常要抛出,则需要在方法定义时使用 throws 关键字进行声明。也就是说,throws 是用来声明一个方法中可能抛出的各种异常,提醒调用代码对这些异常进行处理。

throws 语句格式如下:

```
方法头  throws  <异常类 1>,<异常类 2>,…,<异常类 n> {
    //方法体,抛出异常
}
```

例程 9-5 ThrowAndThrowsDemo.java,使用 throw 关键字和 throws 关键字。

```java
package ch09;
import java.util.InputMismatchException;
import java.util.Scanner;
public class ThrowAndThrowsDemo {
    public static void main(String[ ] args) {
        System.out.println("请输入 2 个整数:");
        Scanner scanner= new Scanner(System.in);
        try{
            int a= scanner.nextInt();
            int b= scanner.nextInt();
            System.out.println(a+ "/"+ b+ "="+ div(a,b));
            System.out.println("try 子句执行完毕");
        }catch (ArithmeticException e) {
            System.out.println("出现算术异常:" +e.getMessage());
        }catch (InputMismatchException e) {
            System.out.println("输入的数据格式有误,请核实输入的数字");
        }finally{
            System.out.println("finally 执行");
        }
    }
    //方法声明抛出异常,方法体内使用 throw 抛出异常对象
    public static double div(int a,int b) throws ArithmeticException{
        if(b= = 0){
            throw new ArithmeticException("除数不能为 0");
        }
        return a/b;
    }
}
```

注意:throw 用在程序中,明确表示这里抛出一个异常,而 throws 用在方法声明的地方,表示这个方法可能会抛出某异常。

9.4 自定义异常

虽然 JDK 提供了很多的异常类,但是它也不能预见到所有满足程序员需要的异常处理。因此,程序员需要根据程序的特殊逻辑在用户程序里自己创建用户自定义的异常类和异常对象,用来捕获和处理某个应用所特有的运行错误。

自定义异常是从 Exception 类中派生的、通过继承的方式创建的异常类,自定义异常类的语句格式如下:

```
修饰符 class  自定义异常类名   extends  Exception{
//变量、构造方法、成员方法
}
```

其中,自定义异常的构造方法一般用于指定该异常的描述消息,例如:

```
public MyException (String  msg){
super(msg);
//父类 Exception 中有一个需 1 个 String 参数的构造方法,其作用是设置异常的消息
}
```

异常的描述消息可以利用 getMessage()方法调用得到,其结果是一个 String 类型。

例程 9-6 DefinedException.java,使用自定义异常。

```java
package ch09;
class MyException extends Exception {
    public MyException( ) {
        super("数字不能大于 10");
    }
}
public class DefinedException {
    public static void method(int a) throws MyException {
        System.out.println("正在调用 method(" +a +")");
        if (a > 10)
            throw new MyException();     //抛出自定义异常
        System.out.println("正常返回");
    }
    public static void main(String args[ ]) {
        try {
            System.out.println("进入监控区,执行可能发生异常的程序段");
            method(8);
            method(20);    //参数为 20 时调用方法 method()抛出异常
            method(6);     //这一句没有机会执行
        } catch (MyException e) {
            System.out.println("程序发生异常并在此处进行处理");
            System.out.println("发生的异常为:" +e.getMessage( ));
```

```
            }
            System.out.println("End......");
        }
    }
```

程序运行的输出为:

进入监控区,执行可能发生异常的程序段
正在调用 method(8)
正常返回
正在调用 method(20)
程序发生异常并在此处进行处理
发生的异常为:数字不能大于 10
End......

9.5 Java 的内置异常

在核心语言包 java.lang 中,Java 定义了若干异常类型,其中多数从 RuntimeException 派生的异常都自动可用,它们不需要通知所有欲调用此方法的方法来检查该异常,因此不需要被包含在任何方法的 throws 列表中,也可以不用 try-catch 捕获和处理。Java 语言中,这样的异常被称作不受控异常(unchecked exceptions)。

java.lang 中定义的不受控异常如表 9-2 所示。

表 9-2 java.lang 中定义的不受控异常类

异 常	说 明
ArithmeticException	算术错误,如被 0 除
ArrayIndexOutOfBoundsException	数组下标出界
ArrayStoreException	数组元素赋值类型不兼容
ClassCastException	非法强制转换类型
IllegalArgumentException	调用方法的参数非法
IllegalMonitorStateException	非法监控操作,如等待一个未锁定线程
IllegalStateException	环境或应用状态不正确
IllegalThreadStateException	请求操作与当前线程状态不兼容
IndexOutOfBoundsException	某些类型索引越界
NullPointerException	非法使用空引用
NumberFormatException	字符串到数字格式非法转换
SecurityException	试图违反安全性
StringIndexOutOfBounds	试图在字符串边界之外索引
UnsupportedOperationException	遇到不支持的操作

不受控异常的出现表示一种设计或实现问题，它表示如果程序运行正常，则从不会发生的情况。比如：数组索引不超出数组界限，则 ArrayIndexOutOfBoundsException 异常从不会抛出；除数不为 0，则 ArithmeticException 异常从不会抛出。如果对不受控的异常不做处理，可能导致一个运行时错误信息，所以尽管编译器对不受控的异常没有捕获或者声明的强制要求，但在知道可能发生这种异常时也应提供合适的异常处理代码。

还有一些异常类型，它们必须由 try-catch 进行捕获和处理，或者不用 try-catch 捕获，则应包含在方法声明的 throws 列表中，由方法的调用者进行捕获和处理，否则编译将不能通过，这样的异常称作受控的异常（checked exceptions）。表 9-3 列出了一些受控异常。

表 9-3 java.lang 中定义的受控异常

异　　常	意　　义
ClassNotFoundException	找不到类
CloneNotSupportedException	试图克隆一个不能实现 Cloneable 接口的对象
IllegalAccessException	对一个类的访问被拒绝
InstantiationException	试图创建一个抽象类或者抽象接口的对象
InterruptedException	一个线程被另一个线程中断
NoSuchFieldException	请求的字段不存在
NoSuchMethodException	请求的方法不存在

要点提醒：
◇为使得应用程序更健壮，对用户来说更友好，应该进行必要的异常处理。
◇Java 使用 try-catch-finally 语句进行异常处理。
◇在 try 块与对应的 catch 块之间放置代码是语法错误。
◇如果方法能够处理某个给定类型的异常，则处理该异常，而不是将该异常传递给程序的其他部分，这样程序显得比较清晰。
◇不要在每条可能抛出异常的语句处都放置 try-catch，这样程序难以阅读，将一个 try 块放置在代码的重要部分，并在该 try 块后放置用于处理各种可能异常的 catch 子句。
◇应避免将可能抛出异常的代码放置在 finally 子句中，如果确实需要，则将这些代码封装在该 finally 子句的 try-catch 中。
◇尽量使用现有的异常类型来指出方法中的异常，而不要创建新的异常类。Java API 中包含了许多适合于指出方法中问题类型的异常类。如果需要定义自己的异常类型，应研究 Java API 中现有的异常类，并扩展其中一个相关的异常类。如果程序需要处理这种异常，则这个新的异常类应为受控异常类。如果客户代码能够忽略这种异常，则这个新异常类应该扩展不受控类（RuntimeException）。
◇所有异常类的类名需以 Exception 结束。

实训任务

[**实训 9-1**]编写一个 User 类,类中包含 String 类型成员变量 username 和 password,在默认构造方法中将 username 赋值为"admin",密码赋值为"1234"。定义 checkUser(String username,String password)方法,要求当参数 username 与类成员变量 username 不相符时抛出自定义异常 NoSuchUserException,当用户名正确而 password 和类成员变量 password 不相符时抛出自定义异常 PasswordDontMatchException。

[**实训 9-2**]编写 Java 应用程序,实现如下功能:用户输入 2 个 double 型数据,即被除数和除数,做除法运算后用消息对话框输出结果。要求:除数不能为负数,为此要自定义一个异常类 DivideByMinusException(表示除数为负数的异常),当除数为负数时提示用户重新输入。

项目 10 JDBC数据库编程

本章目标

- Java 连接 MySQL 数据库
- JDBC 编程基本操作：CRUD
- JDBC 事务操作
- 理解 DAO

10.1 JDBC 数据库编程概述

10.1.1 JDBC 简介

Java 语言能访问各种类型的数据库，小到文本文档，大到关系数据库管理系统。不管底层数据是按照什么方式存储的，在绝大多数应用程序中程序员只需要编写数据访问类进行数据库和应用程序之间的交互，程序员不需要关心数据组织格式和应用系统其他代码间的联系。

很多数据库都依赖具体的语言或者平台，并且缺少可供 Java 直接接入的接口，这种情况下，如果对某一个数据库进行编程后需要进行数据库移植，则需要重新编写大量的源代码，大大降低了可移植性。因此，Java 语言的开发者编写了一系列的类，使得 Java 语言可以采用相同的 API 对不同的数据库进行操作，这样就可以提高 Java 程序的多数据库的可移植性。这些类位于 java.sql 包和 javax.sql 包下，它们共同组成了 Java database connectivity (JDBC)。

JDBC 的结构和微软的 open database connectivity (ODBC) 相差很多，ODBC 是基于 C 语言和指针的，而 JDBC 是基于 Java 语言的，因此 JDBC 的程序移植性更好。

JDBC 由两部分构成：基于 Java 语言的通用 JDBC API 和由数据库管理系统厂家或者第三方提供的数据库专用 JDBC 驱动程序(Driver)。这些驱动提供专门的接口将通用的程序调用映射成底层数据库能够理解的命令，如图 10-1 所示。

JDBC 驱动程序可以分为非纯 Java 驱动程序和纯 Java 驱动程序，具体分为四类，如下所述。

第 1 类：DBC-ODBC 桥接器，属于非纯 Java 驱动程序。它将 JDBC 翻译成 ODBC，然后使用一个 ODBC 驱动程序与数据库进行通信。JDK 中就包含了一个这样的 JDBC-ODBC 桥接器，不过在使用这个桥接器之前需要对 ODBC 进行相应的部署和正确的设置。JDBC-ODBC

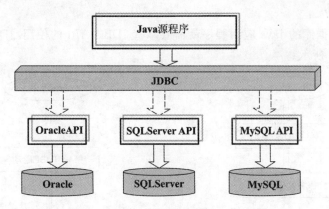

图 10-1　JDBC 结构

桥在 JDBC API 和 ODBC API 之间提供了一个桥梁,这个桥把标准的 JDBC 调用翻译成对应的 ODBC 调用,然后通过 ODBC 库把它们发送到 ODBC 数据源,如图 10-2 所示。

第 2 类:此类驱动程序是由部分 Java 程序和部分本地代码组成的,属于非纯 Java 驱动程序。此类驱动程序用于与数据库的客户端 API 进行通信。在使用这种驱动程序时,客户端环境中必须有对应的 DB 客户端程序才能运行,程序的开发会受限于客户端平台及所属操作系统,将来新版本软件的升级安装会比较麻烦,如图 10-3 所示。

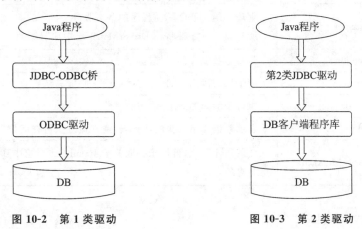

图 10-2　第 1 类驱动　　　　　　　图 10-3　第 2 类驱动

第 3 类:该类驱动程序是纯 Java 技术的驱动程序,它使用一种与具体数据库无关的协议将数据库请求发送给服务器中间件,然后该中间件再将数据库请求翻译成特定数据库协议。虽然中间件会影响系统整体的效能,但能随不同的数据库需求做调整,提供了同一 Java 程序对多种数据库的转换,如图 10-4 所示。

第 4 类:该类驱动程序是纯 Java 技术的驱动程序,它将 JDBC 请求直接翻译成特定的数据库协议,能直接应用数据库,设计上采用紧密耦合的方式,可发挥数据库的特定功能,运行效率较高,此类驱动一般被认为是较好的一种驱动程序。本章所使用的 JDBC 驱动类型就是属于这一类,如图 10-5 所示。

JDBC 具备与数据库建立连接并进行数据库操作的能力,它的基本功能主要包括:

(1)连接数据库;

(2)操作数据库;

(3)处理结果集。

要开发基于数据库的 Java 应用程序就需要掌握 JDBC API 的使用,JDBC API 中常用的类和接口如表 10-1 所示。

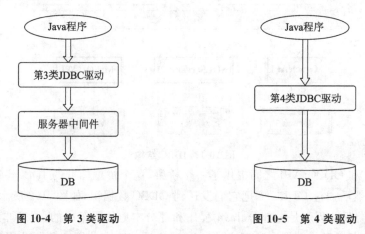

图 10-4　第 3 类驱动　　　　　　　　图 10-5　第 4 类驱动

表 10-1　JDBC API 常用类和接口

类或接口名	功能及意义
class DriverManager	管理一组 JDBC 驱动程序的基本服务 所有驱动程序都将在 DriverManager 中注册驱动
interface Connection	与特定数据库的连接(会话)
interface Statement	用于执行静态 SQL 语句并返回它所生成结果的对象
interface PreparedStatement	执行预编译的 SQL 语句的对象
interface ResultSet	表示数据库结果集的数据表,通常通过执行查询数据库的语句生成
interface ResultSetMetaData	结果集元数据,可用于获取关于 ResultSet 对象中列的类型和属性信息的对象

10.1.2　MySQL 数据库

本书以 MySQL 数据库作为应用程序后台数据库,需下载安装 MySQL 数据库服务器,具体步骤如下所述。

1. 下载 MySQL 数据库

登录 MySQL 的下载页 http://www.mysql.com/downloads/mysql/,页面中有类似图 10-6 所示的下载列表,根据个人操作系统选择相应的下载项。这里下载的是 Windows(x86, 32-bit),MySQL Installer MSI。

2. 安装和配置 MySQL

(1)运行安装程序,在出现图 10-7 所示的"License Agreement"界面时,注意勾选复选框"I accept the license terms",然后单击"Next"按钮开始 MySQL 的安装过程。

项目10　JDBC数据库编程

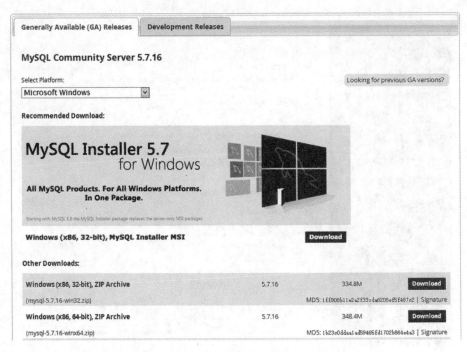

图 10-6　MySQL 下载页

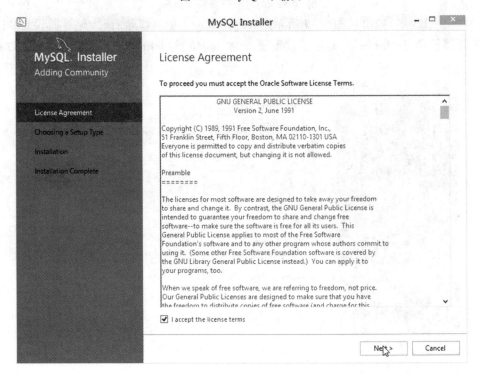

图 10-7　开始安装（同意许可条款）

(2) 安装过程中，当出现图 10-8 所示"Type and Networking"界面时，注意 Port Number 处的值 3306，这是 MySQL 数据库服务器的服务端口号，在连接 MySQL 数据库的代码中将需要使用这个端口号，单击"Next"按钮继续安装过程。

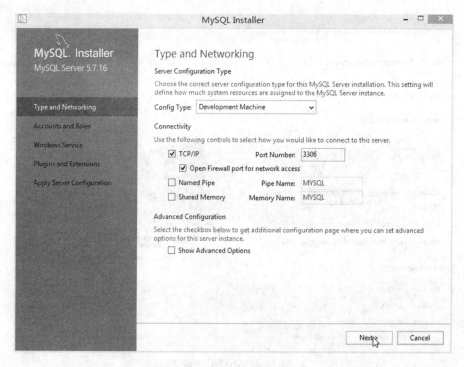

图 10-8　MySQL 服务的端口号

(3)安装过程中,当出现图 10-9 所示"Accounts and Roles"界面时,此界面设置 MySQL 的系统管理员账户 root 的密码,这里设置密码为"123456",单击"Next"按钮继续安装过程。

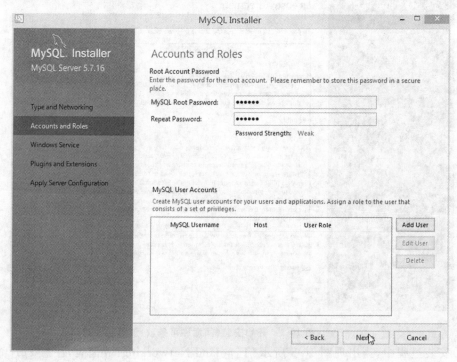

图 10-9　设置 root 账号的密码

（4）安装过程中，当出现图 10-10 所示"Apply Server Configuration"界面时，等待各配置项完成配置，单击"Finish"按钮即结束 MySQL 的安装过程。

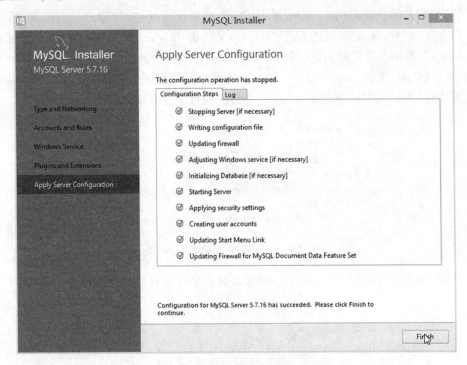

图 10-10　MySQL 安装结束

在完成 MySQL 的安装与配置后，建议读者再安装一个 MySQL 的数据库管理工具以便于更方便地对 MySQL 数据库进行操作。

3. 准备 Java 连接 MySQL 数据库的 JDBC 驱动程序

Java 应用程序连接 MySQL 数据库除了编写 JDBC 代码之外，需要先准备好 Java 应用程序连接 MySQL 数据库的驱动程序 jar 包，这个 jar 包在 MySQL 安装好后的如下路径中可以找到：C:\Program Files（x86）\MySQL\Connector.J 5.1，其文件名为：mysql-connector-java－5.1.39-bin.jar。

读者也可以从 MySQL 的官网 http://dev.mysql.com/downloads/connector/j/下载 Java 程序连接 MySQL 数据库的驱动程序的最新版本，下载过程这里不再赘述。

10.2　JDBC 数据库编程基本操作

在实际数据库编程中，每次代码编写遇到的数据库肯定都是不同的，对应的数据库操作代码结构也不会相同，但是对于 JDBC 数据库编程来说，其基本的编程过程是一样的，都包含四个基本步骤：注册数据库驱动程序，建立数据库连接，通过数据库操作代理对象（Statement）进行添加、删除、修改、查询操作，关闭数据库连接资源。

10.2.1 连接 MySQL 数据库

JDBC 编程的第一步是用 JVM 注册 JDBC 驱动程序,Java 应用程序就是在此 JVM 中运行的。注册驱动程序就是将驱动程序类装入 JVM 的工作,一种常用的注册方法就是使用 ClassLoader 在程序中注册驱动,代码 Class.forName(驱动类)。

编写代码之前,先将 Java 连接 MySQL 数据库的驱动程序 jar 包引入到项目中,本章的例程代码的项目是 ch10,引入驱动程序 jar 包之后的项目文件夹结构如图 10-11 所示。

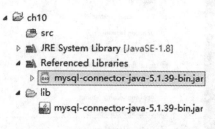

图 10-11 项目引入驱动程序 jar 包

例程 10-1 JdbcDemo1.java,一种常用的注册驱动程序的代码写法。

```
package ch10;
public class JdbcDemo1 {
    public static void main(String[] args) {
        try {
            //注册驱动程序
            Class.forName("com.mysql.jdbc.Driver");
        } catch (ClassNotFoundException e) {
            e.printStackTrace();
        }
    }
}
```

Class.forName()在方法定义时声明抛出一个 java.lang.ClassNotFoundException,因此在调用此方法时需要进行异常处理。另外,forName()方法的参数(即连接 MySQL 数据库的驱动程序的类名)所对应的驱动程序文件必须在 classpath 中正确定义,否则会出现类似 java.lang.ClassNotFoundException:com.mysql.jdbc.Driver 的异常提示。如果已经在 classpath 中正确设置了驱动类库还出现 ClassNotFoundException 异常,就应该检查下是不是程序中的驱动类出现了书写错误。

JDBC 编程的第二步是建立数据库连接,在实现了注册 JDBC 驱动程序后,JVM 和数据库之间并没有直接联系,还需要获得一个数据库连接对象 Connection 建立 Java 应用程序和数据库之间的联系。

建立数据库连接对象的过程涉及两个主要 API:java.sql.DriverManager 类和 java.sql.Connection 接口。DriverManager 是 JDBC 用于管理驱动程序的类,通过调用它的 static 方法 getConnection()可以返回一个数据库连接对象 Connection,它的常用方法如表 10-2 所示。

表 10-2 Connection 对象的常用方法

方法	描述
Statement createStatement( )	创建一个 Statement 对象来将 SQL 语句发送到数据库
DatabaseMetaData getMetaData( )	获取一个 DatabaseMetaData 对象,该对象包含关于此 Connection 对象所连接的数据库的元数据
PreparedStatement preparedStatement(String sql)	创建一个 PreparedStatement 对象来将参数化的 SQL 语句发送到数据库
void setAutoCommit(boolean autocommit)	将此连接的自动提交模式设置为给定状态
void commit( )	使所有上一次提交/回滚后进行的更改成为持久更改,并释放此 Connection 对象当前持有的所有数据库锁
void rollback( )	取消在当前事务中进行的所有更改,并释放此 Connection 对象当前持有的所有数据库锁

在返回连接对象之前很多不同的驱动程序都可能被注册过,DriverManager 怎样选择正确的驱动程序呢?(单个的 JVM 可能支持多个并发应用程序,它们可能用不同的驱动程序连接到不同的数据库。)方法非常简单:每个 JDBC 驱动程序使用一个专门的 JDBC URL,它与 Web 地址有相同的格式,作为自我标识的一种方法。JDBC URL 的格式如下:

```
jdbc:子协议:数据库定位器
```

其中 jdbc 是协议名,子协议与 JDBC 驱动程序有关,可以是 odbc、oracle、db2 等,根据实际的 JDBC 驱动程序厂商而不同。数据库定位器是与驱动程序有关的指示器,用于唯一指定应用程序要和哪个数据库进行交互。根据驱动程序的类型,该定位器可能包括主机名、端口和数据库系统名。

当提供了具体的 URL 之后,DriverManager 在已注册的驱动程序集合中循环,直到其中一个驱动程序与指定的 URL 匹配。如果没有发现适合的驱动程序,就抛出一个 SQLException。下面是几个实际 JDBC URL 的具体示例:

```
jdbc:oracle:thin:@ persistentjava.com:1521:mydb
jdbc:db2:mydb
jdbc:mysql://localhost:3306/mydb
```

很多驱动程序都接受在 URL 的末尾附加参数,如数据库账户的用户名和密码。

给出具体的 JDBC URL,获取数据库连接的方法就是调用 DriverManager 对象的静态方法 getConnection()。这种方法有几种形式:

```
DriverManager.getConnection(url);
DriverManager.getConnection(url, username, password);
DriverManager.getConnection(url, dbproperties);
```

在这里,url 是一个 String 对象,也就是 JDBC URL;用户名和密码是 String 对象,它们是 JDBC 应用程序要用来连接到数据源的用户名和密码;而 dbproperties 是一个包括所有参数(可能包括用户名和密码)的 Java properties 对象,JDBC 驱动程序需要这些参数进行连接。

例程 10-2　JdbcDemo2.java，连接 MySQL 数据库 mydb。

```java
package ch10;
import java.sql.Connection;
import java.sql.DriverManager;
import java.sql.SQLException;
public class JdbcDemo2 {
    public static void main(String[] args) {
        Connection conn = null;
        try {
            //注册驱动程序
            Class.forName("com.mysql.jdbc.Driver");
            //获得数据库连接对象
            conn = DriverManager
                .getConnection("jdbc:mysql://localhost:3306/mydb",
                        "root", "123456");
        } catch (ClassNotFoundException e) {
            e.printStackTrace();
        } catch (SQLException e) {
            e.printStackTrace();
        }
        System.out.println(conn); //测试是否连接成功
    }
}
```

注意，此例程尝试连接 MySQL 中名为 mydb 的数据库，应使用 MySQL 的管理工具创建此数据库。

程序运行的输出为：

```
com.mysql.jdbc.JDBC4Connection@533ddba
```

表明此应用程序连接 MySQL 数据库 mydb 成功。

10.2.2　查询操作

连接数据库成功之后，就可以通过数据库操作代理对象（java.sql.Statement 的对象）对数据库中的表进行添加、删除、修改和查询操作了，这几种操作主要可以分为两种情况：不会对数据库记录产生影响的操作（查询）和可能会对数据库记录产生影响的操作（添加、删除、修改）。

JDBC 对数据库表进行查询操作时，首先需要获得数据库代理接口 java.sql.Statement 的一个实现对象。Statement 的实现对象通过上一步创建的 Connection 对象调用 createStatement()方法可以获得。

```java
//conn是已获得的数据库连接对象(java.sql.Connection 类型的对象)
Statement stmt = conn.createStatement();
```

Statement 的常用方法如表 10-3 所示。

表 10-3　Statement 的常用方法

方　　法	描　　述
ResultSet　executeQuery(String sql)	执行给定的 SQL 查询语句,该语句返回单个 ResultSet 对象
int　executeUpdate(String sql)	执行给定的 SQL 语句,该语句可能为 INSERT、UPDATE 或 DELETE 语句,或者不返回任何内容的 SQL 语句(如 SQL DDL 语句)
void　close( )	立即释放此 Statement 对象的数据库和 JDBC 资源

在获得了 Statement 的实现对象后,通过调用它的 executeQuery()方法可以进行数据库查询操作,JDBC 会将返回的数据库查询结果封装成为 java.sql.ResultSet 接口类型的对象。

ResultSet 的常用方法如表 10-4 所示。

表 10-4　ResultSet 对象的常用方法

方　　法	描　　述
void close( )	立即释放此 ResultSet 对象的数据库和 JDBC 资源
String getString(int columnIndex)	以 String 类型获取此 ResultSet 对象的当前行中指定列的值。columnIndex 是列编号,第一个列是 1,第二个列是 2,…
String getString(String columnLabel)	以 String 类型获取此 ResultSet 对象的当前行中指定列的值。columnLabel 是指定列的字段名
int　getInt(int columnIndex)	以 int 类型获取此 ResultSet 对象的当前行中指定列的值。columnIndex 是列编号,第一个列是 1,第二个列是 2,…
int　getInt(String columnLabel)	以 int 类型获取此 ResultSet 对象的当前行中指定列的值。columnLabel 是指定列的字段名
Object　getObject(int columnIndex)	以 Object 类型获取此 ResultSet 对象的当前行中指定列的值。columnIndex 是列编号,第一个列是 1,第二个列是 2,…
Object　getObject(String columnLabel)	以 Object 类型获取此 ResultSet 对象的当前行中指定列的值。columnLabel 是指定列的字段名

ResultSet 对象具有指向其当前数据行的游标。最初,游标被置于第一行之前,next()方法将游标移动到下一行。该方法在 ResultSet 对象没有下一行时返回 false,因此可以在 while 循环中使用它来迭代结果集。默认情况下,ResultSet 的游标只能向下一行单向移动。

ResultSet 中除了列出的 getString()、getObject()、getInt()外,还有返回其他类型的方法,格式基本相同,此处不再一一列举,详情请查阅相关 API。

在编写数据库操作的例程之前,先准备好数据库。在 MySQL 中建立名为 ch10_db 的数据库,在其中创建联系人表 contact,并录入几条测试数据。

本章后续的例程也基于这一数据库实现。contact 表结构如表 10-5 所示。

表 10-5　contact 表结构

字　段　名	字段类型	字段长度	可否为空	是否主键	说　　明
id	int	11	not null	primary	编号,主键
name	varchar	10	not null	—	姓名
sex	varchar	1	null	—	性别

续表

字 段 名	字 段 类 型	字 段 长 度	可 否 为 空	是 否 主 键	说 明
age	smallint	2	null	—	年龄
phone	varchar	11	null	—	联系电话
email	varchar	30	null	—	邮件地址

例程 10-3 DB.java，QueryContact.java。查询 ch10_db 数据库中 contact 表的所有记录并显示。

```java
package ch10;
import java.sql.Connection;
import java.sql.DriverManager;
import java.sql.SQLException;
public class DB {
    public static Connection getConn() {
        Connection conn = null;
        String DRIVERNAME = "com.mysql.jdbc.Driver";
        String DBURL = "jdbc:mysql://localhost:3306/ch10_db";
        try {
            Class.forName(DRIVERNAME);
            conn = DriverManager.getConnection(DBURL, "root", "123456");
        } catch (ClassNotFoundException e1) {
            System.out.println(e1.getMessage());
        } catch (SQLException e2) {
            System.out.println(e2.getMessage());
        }
        return conn;
    }
    /* public static void main(String[] args) {//测试用
        System.out.println(getConn());
    }*/
}
```

```java
package ch10;
import java.sql.Connection;
import java.sql.ResultSet;
import java.sql.SQLException;
import java.sql.Statement;
public class QueryContact {
    public static void main(String[] args) {
        // 获取数据库连接
        Connection conn = DB.getConn();
        Statement stmt = null;
```

```java
        ResultSet rs = null;
        try {
            // 基于连接生成 Statement 语句对象
            stmt = conn.createStatement();
            // 查询 1
            String sql1 = "SELECT * FROM contact";
            // 发送 SQL 语句至数据库执行
            rs = stmt.executeQuery(sql1);
            // 处理 SQL 语句的执行结果
            while (rs.next()) {
                System.out.print(rs.getInt("id") +"\t");
                System.out.print(rs.getString("name") +"\t");
                System.out.print(rs.getString("sex") +"\t");
                System.out.print(rs.getString("age") +"\t");
                System.out.print(rs.getString("phone") +"\t");
                System.out.println(rs.getString("email"));
            }
        } catch (SQLException e) {
            e.printStackTrace();
        } finally {
            if (rs ! = null) {
                try {
                    rs.close();
                } catch (SQLException e) {
                    e.printStackTrace();
                }
            }
            if (stmt ! = null) {
                try {
                    stmt.close();
                } catch (SQLException e) {
                    e.printStackTrace();
                }
            }
            if (conn ! = null) {
                try {
                    conn.close();
                } catch (SQLException e) {
                    e.printStackTrace();
                }
            }
        }
    }
}
```

程序运行的输出为:

```
1   刘云女 1815012345678   liuyun@163.com
2   张三男 2113812345678   zhangsan@sina.com
3   简丹女 2013582483687   123456@qq.com
4   李四男 2418512345678   lisi@163.com
```

10.2.3 添删改操作

对数据库表进行添加、修改、删除操作时同样需要通过 Statement 对象进行,与前面的查询操作不同的地方在于,添删改操作不会返回一个查询结果集 ResultSet,而是返回一个整数,表示当前操作所影响的记录行数。所以,添删改操作不能调用 executeQuery() 方法,而需要调用 executeUpdate() 方法,不要被方法名迷惑以为该方法只能执行 update 操作,实际上所有对数据库产生影响的操作都可以调用 executeUpdate(),包括添加、删除、修改和 DDL 命令。

例程 10-4　DB.java,UpdateContact.java。进行 contact 表的添删改操作。此例程仍使用例程 10-3 中创建的 DB 类以获取数据库连接对象。假设 contact 表的初始记录情况如图 10-12 所示。

id	name	sex	age	phone	email
1	刘云	女	18	15012345678	liuyun@163.com
2	张三	男	21	13812345678	zhangsan@sina.com
3	简丹	女	20	13582483687	123456@qq.com
4	赵华	男	24	18512345678	zhaohua@163.com

图 10-12　contact 表初始情况

```java
package ch10;
import java.sql.Connection;
import java.sql.ResultSet;
import java.sql.SQLException;
import java.sql.Statement;
public class UpdateContact {
    public static void main(String[] args) {
        // 获取数据库连接
        Connection conn = DB.getConn();
        Statement stmt = null;
        ResultSet rs = null;
        try {
            stmt = conn.createStatement();
            // 添加一条记录
            String sql
                = "INSERT INTO contact(name,sex,age,phone,email) "
                + "VALUES('小明','男',19,'15812548724','xiaoming@126.com')";
            int rows = stmt.executeUpdate(sql); // 执行添加
            System.out.println("添加了"+rows+"条记录");
            // 修改记录
            sql = "UPDATE contact set sex='女' where sex='男'";
```

```java
                rows = stmt.executeUpdate(sql); // 执行修改
                System.out.println("修改了" + rows + "条记录");
                // 删除记录
                sql = "DELETE from contact where id= 3";
                rows = stmt.executeUpdate(sql); // 执行删除
                System.out.println("删除了" + rows + "条记录");
        System.out.println("---------------------------------------- ");
                // 检索 contact
                System.out.println("现在 contact 的记录:");
                sql = "SELECT *  FROM contact";
                rs = stmt.executeQuery(sql);
                while (rs.next()) {
                    for (int i = 1; i <= 5; i++) {
                        System.out.print(rs.getString(i) + "\t");
                    }
                    System.out.println();
                }
            } catch (SQLException e) {
                System.out.println(e.getMessage());
            } finally {
                // 关闭数据库连接
                if (rs != null) {
                    try {
                        rs.close();
                    } catch (SQLException e) {
                        e.printStackTrace();
                    }
                }
                if (stmt != null) {
                    try {
                        stmt.close();
                    } catch (SQLException e) {
                        e.printStackTrace();
                    }
                }
                if (conn != null) {
                    try {
                        conn.close();
                    } catch (SQLException e) {
                        e.printStackTrace();
                    }
                }
            }
```

            }
        }
程序运行的输出为：
添加了 1 条记录
修改了 3 条记录
删除了 1 条记录

现在 contact 的记录：
1   刘云   女   18   15012345678
2   张三   女   21   13812345678
4   赵华   女   24   18512345678
5   小明   女   19   15812548724

10.2.4 PreparedStatement 预处理语句

PreparedStatement 是 Statement 的子接口。使用 Statement 进行数据库操作时，每次操作都会对语句进行编译执行，即使两次操作使用的是完全相同的语句也必须重新编译执行。而 PreparedStatement 允许建立一个带有参数的 SQL 语句，若多次操作执行的是相同结构而只是参数不同的语句，则每次为参数赋值就可以反复使用这条语句，这种特性可以提高性能，同时可以简化开发。

比如说，执行如下的两次查询操作：

```
select * from contact where name='张三'
select * from contact where name='张三'
```

即使两次操作完全相同，使用 Statement 时上述两条语句都必须各自编译执行。

若使用 PreparedStatement，则可以按照如下格式来写查询的 SQL 语句：

```
select * from contact where name=?
```

语句中"?"（英文问号）作为一个占位符，执行前将具体参数带入替换之即可，这个参数也叫作 IN 参数。上述语句只需要编译一次，将来无论是查询张三还是李四或者其他人都不需要再重新编译该语句，只需要将参数值带入即可执行。相较于 Statement 而言，PreparedStatement 执行效率更高。

使用 PreparedStatement 的一般步骤：

(1) 准备 SQL 语句串，留出 IN 参数，用？占位；

(2) 创建 PreparedStatement 语句对象：

```
PreparedStatement pstmt = conn.prepareStatement(SQL 语句串);
```

(3) 为每个 IN 参数设值，要按照？出现的位置依序赋值：

```
pstmt.setXxx(? 的位置, 值);
```

其中，Xxx 代表类型，若？的位置处需要整型值，则使用 setInt()方法，若？的位置处需要字符串值，则使用 setString()方法，依此类推，具体方法读者可以参阅 JDK 文档。

(4) 发送 SQL 语句到数据库执行：

```
pstmt.executeQuery();    //执行查询操作
pstmt.executeUpdate();   //执行更新操作：添、删、改
```

PreparedStatement 的常用方法如表 10-6 所示。

表 10-6 PreparedStatement 的常用方法

方法	描述
boolean execute()	在此 PreparedStatement 对象中执行 SQL 语句,该语句可以是任何种类的 SQL 语句
ResultSet executeQuery()	在此 PreparedStatement 对象中执行 SQL 查询,并返回该查询生成的 ResultSet 对象
int executeUpdate()	在此 PreparedStatement 对象中执行 SQL 语句,该语句必须是一个 SQL 数据操作语言语句,比如 INSERT、UPDATE 或 DELETE 语句;或者是无返回内容的 SQL 语句,比如 DDL 语句
void setString(int x, String value)	将字符串 value 赋给第 x 个占位符,x 从 1 开始
void setInt(int x, int value)	将整型 value 赋给第 x 个占位符,x 从 1 开始

编写程序,实现向 contact 表添加记录,分别使用 Statement 语句对象和 PreparedStatement 预处理语句对象来实现。经过例程 10-4 的处理后,contact 表的记录情况如图 10-13 所示。

id	name	sex	age	phone	email
1	刘云	女	18	15012345678	liuyun@163.com
2	张三	女	21	13812345678	zhangsan@sina.com
4	赵华	女	24	18512345678	zhaohua@163.com
5	小明	女	19	15812548724	xiaoming@126.com

图 10-13 contact 表的当前情况

例程 10-5 DB.java,StatementTest.java。使用 Statement 语句对象进行 contact 表的添加操作。此例程仍使用例程 10-3 中创建的 DB 类来获取数据库连接对象。

```java
package ch10;
import java.sql.Connection;
import java.sql.ResultSet;
import java.sql.SQLException;
import java.sql.Statement;
public class StatementTest {
    private Connection conn = null;
    private Statement stmt = null;
    private ResultSet rs = null;
    //获得连接对象
    private void prepareConnection() {
        try {
            if (conn == null || conn.isClosed()) {
                conn = DB.getConn();
            }
        } catch (SQLException e) {
            e.printStackTrace();
        }
    }
```

```java
//关闭数据库连接
private void close() {
    try {
        if (rs != null) {
            rs.close();
        }
        if (stmt != null) {
            stmt.close();
        }
        if (conn != null) {
            conn.close();
        }
    } catch (SQLException e) {
        System.out.println("关闭连接异常:" + e.getMessage());
    }
}
//添加记录
public void addContact(String name, String sex, int age, String phone, String email) {
    prepareConnection();
    String sql = "INSERT INTO contact(name,sex,age,phone,email) "
        + "VALUES('"+ name +"','" +sex+  "'," +age +",'"+ phone
        +"','" +email +"')";
    try {
        stmt = conn.createStatement();
        stmt.executeUpdate(sql); // 执行添加
    } catch (SQLException e) {
        System.out.println("添加记录异常:"+e.getMessage());
    } finally{
        close();
    }
}
//查询并显示记录
public void queryAll(){
    prepareConnection();
    String sql = "SELECT * FROM contact";
    try {
        stmt = conn.prepareStatement(sql);
        rs = stmt.executeQuery(sql); // 执行查询
        while (rs.next()) {
            for (int i = 1; i <= 5; i++) {
                System.out.print(rs.getString(i) +"\t");
            }
```

```
            System.out.println();
        }
    } catch (SQLException e) {
        System.out.println("查询记录异常:"+e.getMessage());
    } finally{
        close();
    }
}
public static void main(String[] args) {
    StatementTest pst = new StatementTest();
    pst.addContact
   ("小张", "男", 18, "15087654321", "xiaozhong@ 126.com");
    pst.queryAll();
}
}
```

程序运行的输出为：

```
1   刘云   女 18   15012345678
2   张三   女 21   13812345678
4   赵华   女 24   18512345678
5   小明   女 19   15812548724
6   小张   男 18   15087654321
```

例程 10-6 DB.java，PreparedStatementTest.java。使用 PreparedStatement 语句对象进行 contact 表的添加操作。此例程仍使用例程 10-3 中创建的 DB 类来获取数据库连接对象。

```
package ch10;
import java.sql.Connection;
import java.sql.PreparedStatement;
import java.sql.ResultSet;
import java.sql.SQLException;
public class PreparedStatementTest {
    private Connection conn = null;
    privatePreparedStatement pstmt = null;
    privateResultSet rs = null;
    //获得连接对象
    private voidprepareConnection() {
        try {
            if (conn == null || conn.isClosed()) {
                conn = DB.getConn();
            }
        } catch (SQLException e) {
            e.printStackTrace();
        }
```

```java
        }
        //关闭数据库连接
        private void close() {
            try {
                if (rs != null) {
                    rs.close();
                }
                if (pstmt != null) {
                    pstmt.close();
                }
                if (conn != null) {
                    conn.close();
                }
            } catch (SQLException e) {
                System.out.println("关闭连接异常:" + e.getMessage());
            }
        }
        //添加记录
        public void addContact(String name, String sex, int age, String phone, String email) {
            prepareConnection();
            String sql = " INSERT INTO contact (name, sex, age, phone, email) " + " VALUES(?,?,?,?,?)";
            try {
                pstmt = conn.prepareStatement(sql);
                pstmt.setString(1, name);
                pstmt.setString(2, sex);
                pstmt.setInt(3, age);
                pstmt.setString(4, phone);
                pstmt.setString(5, email);
                pstmt.executeUpdate(); // 执行添加
            } catch (SQLException e) {
                System.out.println("添加记录异常:"+ e.getMessage());
            } finally{
                close();
            }
        }
        //查询并显示记录
        public void queryAll(){
            prepareConnection();
            String sql = "SELECT * FROM contact";
            try {
                pstmt = conn.prepareStatement(sql);
```

```
            rs = pstmt.executeQuery(); // 执行查询
            while (rs.next()) {
                for (int i = 1; i < = 5; i++) {
                    System.out.print(rs.getString(i) +"\t");
                }
                System.out.println();
            }
        } catch (SQLException e) {
            System.out.println("查询记录异常:"+e.getMessage());
        } finally{
            close();
        }
    }
    public static void main(String[] args) {
        PreparedStatementTest pst = new PreparedStatementTest();
        pst.addContact
        ("小红", "男", 18, "15712365478", "xiaohong@ 126.com");
        pst.queryAll();
    }
}
```

程序运行的输出为：

```
1    刘云    女  18    15012345678
2    张三    女  21    13812345678
4    赵华    女  24    18512345678
5    小明    女  19    15812548724
6    小张    男  18    15087654321
7    小红    男  18    15712365478
```

对比两个例程可以发现，使用 Statement 时，如果要动态传参数值，就需要使用大量的字符串连接，不方便阅读且极容易出错。这里的例程只有五个参数需要传递，所以串连接次数不算多，在实际项目中一张表可能拥有十几甚至几十个字段，这时如果使用 Statement 显然不太合适。在使用 PreparedStatement 时，只需要将需要动态赋值的地方用占位符"?"（英文问号）代替，然后通过 setXxx( ) 方法为占位符进行赋值即可，这种写法结构更清晰，而且 PreparedStatement 的执行效率也更高。

10.2.5 可滚动结果集和可更新结果集

ResultSet 默认只能按顺序遍历结果集中的所有记录行，并且结果集中数据的更改不会影响到数据库中的记录。如果希望在结果集上前后移动，并且能够通过结果集的变化更新数据库中的记录，则需要通过下面的方法得到 Statement 对象：

```
Statement   stat = conn.createStatement(type,concurrency);
```

或者通过下面的方法得到一个 PreparedStatement 对象：

```
PreparedStatement   ps=conn.preparedStatement(cmd,type,concurrency);
```

ResultSet 类提供了一些静态常量来表示 type 和 concurrency，如表 10-7 ResultSet 的 type 值和表 10-8 ResultSet 的 concurrency 值。

表 10-7 ResultSet 的 type 值

TYPE_FORWARD_ONLY	结果集不能滚动
TYPE_SCROLL_INSENSITIVE	结果集可以滚动,对数据库变化不敏感
TYPE_SCROLL_SENSITIVE	结果集可以滚动,对数据库变化敏感

表 10-8 ResultSet 的 concurrency 值

CONCUR_READ_ONLY	结果集只读
CONCUR_UPDATABLE	结果集可以更新数据库

ResultSet 对象的常用方法如表 10-9 所示。

表 10-9 ResultSet 对象的常用方法

方 法	描 述
boolean absolute(int row)	将游标移动到此 ResultSet 对象的给定行编号
int getRow( )	获取当前行编号,编号从 1 开始
void afterLast( )	将游标移动到此 ResultSet 对象的末尾,正好位于最后一行之后
void beforeFirst( )	将游标移动到此 ResultSet 对象的开头,正好位于第一行之前
boolean isFirst( )	游标是否在第一行
boolean isLast( )	游标是否在最后一行
boolean isBeforeFirst( )	游标是否在第一行之前
boolean isAfterLast( )	游标是否在最后一行之后
boolean first( )	将游标移动到此 ResultSet 对象的第一行
boolean last( )	将游标移动到此 ResultSet 对象的最后一行
boolean next( )	将游标从当前位置向后移一行
boolean previous( )	将游标从当前位置向前移一行
void insertRow( )	将插入行上的内容更新到数据库
void deleteRow( )	删除数据库和结果集中的当前行
void updateInt(int column, int data)	更新结果集中当前行的某个字段值,其他数据类型格式相同
void updateRow( )	将当前行上的更新发送到数据库中
void cancelRowUpdates( )	撤销对当前行的更新

例程 10-7 DB.java,ResultSetTest.java,使用可更新的结果集和可滚动的结果集对 contact 表进行查询和修改操作。此例程仍使用例程 10-3 中创建的 DB 类来获取数据库连接对象。

```
package ch10;
import java.sql.Connection;
```

```java
import java.sql.PreparedStatement;
import java.sql.ResultSet;
import java.sql.SQLException;
public class ResultSetTest {
    private Connection conn = null;
    private PreparedStatement pstmt = null;
    private ResultSet rs = null;
    // 获得连接对象
    private void prepareConnection() {
        try {
            if (conn == null || conn.isClosed()) {
                conn = DB.getConn();
            }
        } catch (SQLException e) {
            e.printStackTrace();
        }
    }
    // 关闭数据库连接
    private void close() {
        try {
            if (rs != null) {
                rs.close();
            }
            if (pstmt != null) {
                pstmt.close();
            }
            if (conn != null) {
                conn.close();
            }
        } catch (SQLException e) {
            System.out.println("关闭连接异常:" + e.getMessage());
        }
    }
    //使用可滚动结果集和可更新结果集
    public void testScroll() {
        try {
            prepareConnection();
            pstmt = conn.prepareStatement
                ("select * from contact"
                ,ResultSet.TYPE_SCROLL_SENSITIVE,
                ResultSet.CONCUR_UPDATABLE);
            rs = pstmt.executeQuery();
            rs.next();//游标向后移动一行,即从首行之上移动到首行
```

```java
            System.out.println(rs.getString("name"));

            rs.last();//游标定位到最后一行
            System.out.println(rs.getString("name"));

            rs.absolute(3);//游标定位到第3行
            System.out.println(rs.getString("name"));

            rs.last();//游标定位到最后一行
            System.out.println(rs.getString("name"));

            int i = rs.getRow();    //获得当前行编号,当前在最后一行
            System.out.println("总共查询到" + i + "条记录");

            rs.updateString(3, "女");//更新当前行的第3个字段
            rs.updateInt(4, 20);//更新当前行的第4个字段

            rs.updateRow();//将当前行上的更新发送到数据库中
        } catch (SQLException e) {
            e.printStackTrace();
        } finally {
            close();
        }
    }
    // 查询并显示记录
    public void queryAll() {
        prepareConnection();
        String sql = "SELECT * FROM contact";
        try {
            pstmt = conn.prepareStatement(sql);
            rs = pstmt.executeQuery(); // 执行查询
            while (rs.next()) {
                for (int i = 1; i <= 5; i++) {
                    System.out.print(rs.getString(i) + "\t");
                }
                System.out.println();
            }
        } catch (SQLException e) {
            System.out.println("查询记录异常:" + e.getMessage());
        } finally {
            close();
        }
    }
```

```
    public static void main(String[] args) {
    ResultSetTest pst = new ResultSetTest();
    pst.testScroll();
    pst.queryAll();
    }
}
```

程序运行的输出为：

```
刘云
小红
赵华
小红
总共查询到 6 条记录
1    刘云    女  18    15012345678
2    张三    女  21    13812345678
4    赵华    女  24    18512345678
5    小明    女  19    15812548724
6    小张    男  18    15087654321
7    小红    女  20    15712365478
```

10.3 JDBC 编程进阶

10.4.1 事务

事务是 SQL 提供的一种机制，用于强制数据库的完整性和维护数据的一致性。事务的思想是：如果多步操作中的任何一步失败的话，则整个事务回滚；如果所有步骤都成功，则这个事务可以提交，从而把所有的改变保存到数据库中。

JDBC 提供对事务的支持，默认情况下事务是自动提交的，即每次执行 executeUpdate() 语句，相关操作都是即时保存到数据库中的。

如果不想让这些 SQL 命令自动提交，可以在获得连接后使用下面的语句关闭自动提交：

    conn.setAutoCommit(false);

然后执行 JDBC 操作命令，假设所有操作都能正确执行，在操作语句之后加上如下的语句就能提交事务，所做的改动将保存到数据库中：

    conn.commit();

如果操作中出现异常，调用下面的语句可以使事务回滚，所做的改动不会保存到数据库中：

    conn.rollback();

例程 10-8：DB.java、TransCommitTest.java，运用事务机制对 contact 表进行操作，先添加一条记录，再修改其部分字段值，添加、修改操作要么都执行，要么都不执行。此例程仍使用例程 10-3 中创建的 DB 类来获取数据库连接对象。

```java
package ch10;
import java.sql.Connection;
import java.sql.PreparedStatement;
import java.sql.ResultSet;
import java.sql.SQLException;
public class TransCommitTest {
    private Connection conn = null;
    private PreparedStatement pstmt = null;
    private ResultSet rs = null;
    // 获得连接对象
    private void prepareConnection() {
        try {
            if (conn == null || conn.isClosed()) {
                conn = DB.getConn();
            }
        } catch (SQLException e) {
            e.printStackTrace();
        }
    }
    // 关闭数据库连接
    private void close() {
        try {
            if (rs != null) {
                rs.close();
            }
            if (pstmt != null) {
                pstmt.close();
            }
            if (conn != null) {
                conn.close();
            }
        } catch (SQLException e) {
            System.out.println("关闭连接异常:" + e.getMessage());
        }
    }
    // 使用事务方式进行添加、修改操作
    public void testTrans() {
        prepareConnection();
        try {
            // 设置事务为手动提交模式
            conn.setAutoCommit(false);
            // 添加联系人 Tom
            String sql = "INSERT INTO contact(name,sex,age,phone,email) "
```

```java
            + "VALUES(?,?,?,?,?)";
        pstmt = conn.prepareStatement(sql);
        pstmt.setString(1, "Tom");
        pstmt.setString(2, "女");
        pstmt.setInt(3, 18);
        pstmt.setString(4, "18812345678");
        pstmt.setString(5, "tom@ sina.com");
        pstmt.executeUpdate(); // 执行添加

        int i = 10 / 0;
        // 人为干预:增加一个异常用于测试回滚
        //删除此行代码,数据库操作可以正常执行

        // 修改 Tom 的性别
        sql = "UPDATE contact set sex= ? where name= ?";
        pstmt = conn.prepareStatement(sql);
        pstmt.setString(1, "男");
        pstmt.setString(2, "Tom");
        pstmt.executeUpdate(); // 执行修改

        // 提交事务
        conn.commit();
    } catch (Exception e) {
        // 为捕获/0 异常,测试回滚操作而改为 Exception
        System.out.println(e.getMessage()
            + "\n人为干预的异常发生,添加修改操作均不执行");
        try {
            conn.rollback();
            // 若异常产生,回滚操作(添加、修改都不执行)
        } catch (SQLException e1) {
            e1.printStackTrace();
        }
    } finally {
        close();
    }
}

// 查询并显示记录
public void queryAll() {
    prepareConnection();
    String sql = "SELECT * FROM contact";
    try {
        pstmt = conn.prepareStatement(sql);
        rs = pstmt.executeQuery(); // 执行查询
```

```
            while (rs.next()) {
                for (int i = 1; i <= 5; i++) {
                    System.out.print(rs.getString(i) +"\t");
                }
                System.out.println();
            }
        } catch (SQLException e) {
            System.out.println("查询记录异常:" +e.getMessage());
        } finally {
            close();
        }
    }
    public static void main(String[] args) {
        TransCommitTest pst = new TransCommitTest();
        pst.testTrans();;
        pst.queryAll();
    }
}
```

当执行到 int i = 10 / 0;语句时抛出异常,程序执行流程转到 catch 子句,执行其中的事务回滚操作 conn.rollback();语句,使得添加、修改操作都不会保存到数据库,contact 表没有变化。

若将 int i = 10 / 0;注释掉,没有异常产生时,执行到事务提交语句 conn.commit();时,添加、修改操作都将更新到数据库。读者可以自行修改代码,观察程序的运行结果。

10.4.2 使用 DAO 访问数据库

在项目开发中,根据代码所起的作用可以将代码分为界面显示代码、业务处理代码、逻辑控制代码、数据访问代码、数据传输代码等。实践经验表明,将这些代码封装到各自独立的类文件中,可以提高系统的可维护性并且增加代码的可重用性。

DAO 是 data access object 数据访问对象。数据访问是与数据库打交道,对数据库中的数据进行添删改查的操作,在项目开发中数据访问对象夹在业务逻辑与数据库资源中间。通过数据库访问对象可以将数据库的相关操作代码,如加载驱动、建立数据库连接、数据库添删改查、关闭连接等操作封装起来。上层代码需要对数据库访问时直接调用数据库访问对象中的相关方法,对于上层代码来说,数据库的操作是不可见的。

在如下的例程 10-9 中,主类 ContactTest 通过命令行接受指令对数据库表 contact 进行添删改查操作,所有的数据库操作都封装到 ContactDAO 类中。ContactDAO 类本质上是一个普通的 Java 类,在它里面封装了数据库的操作后它就成为一个 DAO。在 ContactDAO 中使用到的 Contact 类用来表示一个实体,和数据库中的 contact 表对应。

例程 10-9 DB.java,Contact.java,ContactDAO.java,ContactTest.java。此例程仍使用例程 10-3 中创建的 DB 类来获取数据库连接对象。

```
package ch10;
public class Contact {
```

```java
private int id;
private String name;
private String sex;
private int age;
private String phone;
private String email;
public Contact(){
}
public Contact(int id, String name, String sex,
        int age, String phone, String email) {
    this.id = id;
    this.name = name;
    this.sex = sex;
    this.age = age;
    this.phone = phone;
    this.email = email;
}
public int getId() {
    return id;
}
public void setId(int id) {
    this.id = id;
}
public String getName() {
    return name;
}
public void setName(String name) {
    this.name = name;
}
public String getSex() {
    return sex;
}
public void setSex(String sex) {
    this.sex = sex;
}
public int getAge() {
    return age;
}
public void setAge(int age) {
    this.age = age;
}
public String getPhone() {
    return phone;
```

```java
    }
    public void setPhone(String phone) {
        this.phone = phone;
    }
    public String getEmail() {
        return email;
    }
    public void setEmail(String email) {
        this.email = email;
    }
}
```

```java
package ch10;
import java.sql.Connection;
import java.sql.PreparedStatement;
import java.sql.ResultSet;
import java.sql.SQLException;
import java.util.ArrayList;
import java.util.List;
public class ContactDAO {
    private Connection conn = null;
    private PreparedStatement pstmt = null;
    private ResultSet rs = null;
    // 获得连接对象
    private void prepareConnection() {
        try {
            if (conn == null || conn.isClosed()) {
                conn = DB.getConn();
            }
        } catch (SQLException e) {
            e.printStackTrace();
        }
    }
    // 关闭数据库连接
    private void close() {
        try {
            if (rs != null) {
                rs.close();
            }
            if (pstmt != null) {
                pstmt.close();
            }
            if (conn != null) {
```

```
                conn.close();
            }
        } catch (SQLException e) {
            System.out.println("关闭连接异常:"+e.getMessage());
        }
    }
    //回滚操作
    private void rollback() {
        try {
            conn.rollback();
        } catch (SQLException e) {
            System.out.println("回滚失败:"+e.getMessage());
        }
    }
    // 添加
    public int addContact(Contact c) {
        int result = 0;
        prepareConnection();
        String sql = "INSERT INTO contact"
            + "(name,sex,age,phone,email) "
            + "VALUES(?,?,?,?,?)";
        try {
            pstmt = conn.prepareStatement(sql);
            pstmt.setString(1, c.getName());
            pstmt.setString(2, c.getSex());
            pstmt.setInt(3, c.getAge());
            pstmt.setString(4, c.getPhone());
            pstmt.setString(5, c.getEmail());
            result = pstmt.executeUpdate();
        } catch (SQLException e) {
            rollback();
            e.printStackTrace();
        } finally {
            close();
        }
        return result;
    }
    // 删除
    public int delContact(Contact c) {
        int result = 0;
        prepareConnection();
        String sql = "DELETE from contact WHERE id = ?";
        try {
```

```java
            pstmt = conn.prepareStatement(sql);
            pstmt.setInt(1, c.getId());
            result = pstmt.executeUpdate();
        } catch (SQLException e) {
            rollback();
            e.printStackTrace();
        } finally {
            close();
        }
        return result;
    }
    // 修改
    public int updContact(Contact c) {
        int result = 0;
        prepareConnection();
        String sql = "UPDATE contact SET "
                + " NAME= ?,sex= ?,age= ?,phone= ?,email= ? WHERE id= ?";
        try {
            pstmt = conn.prepareStatement(sql);
            pstmt.setString(1, c.getName());
            pstmt.setString(2, c.getSex());
            pstmt.setInt(3, c.getAge());
            pstmt.setString(4, c.getPhone());
            pstmt.setString(5, c.getEmail());
            pstmt.setInt(6, c.getId());
            result = pstmt.executeUpdate();
        } catch (SQLException e) {
            rollback();
            e.printStackTrace();
        } finally {
            close();
        }
        return result;
    }
    // 查询所有记录
    public List<Contact> getAllContacts() {
        List<Contact> all = new ArrayList<Contact>();
        prepareConnection();
        String sql = "SELECT * FROM contact";
        try {
            pstmt = conn.prepareStatement(sql);
            rs = pstmt.executeQuery();
            while (rs.next()) {
```

```java
            //每一条记录转存成 Contact 对象
            Contact one = new Contact();
            one.setId(rs.getInt("id"));
            one.setName(rs.getString("name"));
            one.setSex(rs.getString("sex"));
            one.setAge(rs.getInt("age"));
            one.setPhone(rs.getString("phone"));
            one.setEmail(rs.getString("email"));
            all.add(one);    //Contact 对象存入集合 all
        }
    } catch (SQLException e) {
        System.out.println("查询记录异常:" +e.getMessage());
    } finally {
        close();
    }
    return all;
    }
}


package ch10;
import java.util.List;
import java.util.Scanner;
import java.util.StringTokenizer;
public class ContactTest {
    public static void main(String[] args) {
        System.out.println
            ("查询全部记录请输入\"1 回车\"");
        System.out.println
            ("查询指定记录请输入\"2# 对应 id 回车\"");
        System.out.println
            ("删除记录请输入\"3# 对应 id 回车\"");
        System.out.println
            ("添加记录请输入\"4# name# sex# age# phone# email 回车\"");
        System.out.println
            ("修改记录请输入\"5# 对应 id# name# sex# age# phone# email 回车\"");
        System.out.println
            ("结束请输入\"6 回车\"");
        Scanner scanner = new Scanner(System.in);
        ContactDAO conDao = new ContactDAO();
        while (true) {
            String s = scanner.next();
```

```java
            String cmd = s.substring(0, 1);
            String query = s.substring(1);
            if (cmd.equals("1")) {
                List< Contact> all = conDao.getAllContacts();
                System.out.println
                ("|  id  |  name  |  sex  |  age  |  phone  |  email  |");
                for (Contact c : all) {
                    System.out.print(" | ");
                    System.out.print(c.getId());
                    System.out.print(" | ");
                    System.out.print(c.getName());
                    System.out.print(" | ");
                    System.out.print(c.getSex());
                    System.out.print(" | ");
                    System.out.print(c.getAge());
                    System.out.print(" | ");
                    System.out.print(c.getPhone());
                    System.out.print(" | ");
                    System.out.print(c.getEmail());
                    System.out.println(" | ");
                }
            } else if (cmd.equals("2")) {

            } else if (cmd.equals("3")) {

            } else if (cmd.equals("4")) {
                StringTokenizer stk = new StringTokenizer(query, "# ");
                Contact c = new Contact();
                c.setName(stk.nextToken());
                c.setSex(stk.nextToken());
                c.setAge(Integer.parseInt(stk.nextToken()));
                c.setPhone(stk.nextToken());
                c.setEmail(stk.nextToken());
                int i = conDao.addContact(c);
                System.out.println("插入" + i + "条记录");
            } else if (cmd.equals("5")) {

            } else if (cmd.equals("6")) {
                System.exit(0);
            }
        }
    }
}
```

本节介绍了 DAO 访问数据库的基本思想和实现方法,在实际项目开发中会在本节例程的基础上衍生出多种实现形式,不管最终代码形式如何,DAO 的核心思想是不会变的,即将对数据库的操作代码封装在 DAO 对象中,上层代码访问数据库时,不需要写数据库相关代码,直接调用 DAO 中的方法即可。

要点提醒:

◇ JDBC 由基于 Java 语言的通用 JDBC API 和数据库专用 JDBC 驱动程序组成。

◇ 对于 JDBC 数据库编程来说,其基本的编程过程包含四个基本步骤:注册数据库驱动程序,建立数据库连接,通过数据库操作代理对象(Statement)进行添加、删除、修改、查询操作,关闭数据库连接资源。

◇ JDBC 提供预处理语句(PreparedStatement)建立一个带有参数的 SQL 语句,每次操作时只需要为变量赋值就可以反复使用这条语句,这种特性可以提高性能,同时可以简化开发。

◇ 事务是 SQL 提供的一种机制,用于强制数据库的完整性和维护数据的一致性。在 JDBC 中提供了对事务的支持,可以根据需要对事务进行自动提交、手动提交和回滚处理。

◇ 通过 DAO 对象可以将数据库的相关操作代码,如加载驱动、建立数据库连接、数据库添删改查、关闭连接等操作封装起来,这样的设计模式可以提高系统的可维护性并且增加代码的可重用性。

实训任务 □□□

[实训 10-1]完善例程 10-9,完成查询指定 id 对应的记录的功能。

[实训 10-2]完善例程 10-9,完成删除指定 id 对应的记录的功能。

[实训 10-3]完善例程 10-9,完成修改指定 id 对应的记录的功能。

参考文献

[1] 梁勇. Java 语言程序设计(基础篇)[M]. 10 版. 戴开宇,译. 北京:机械工业出版社,2015.
[2] 传智播客高教产品研发部. Java 基础入门[M]. 北京:清华大学出版社,2014.
[3] 耿祥义,张跃平. Java 程序设计精编教程[M]. 2 版. 北京:清华大学出版社,2015.
[4] Cay S. Horstmann,Gary Cornell. Java 核心技术卷 I:基础知识[M]. 9 版. 周立新,陈波,叶乃文,邝劲筠,杜永萍,译. 北京:机械工业出版社,2014.